解开你的九型人格密码

自我心理成长的完美手册

杨　敏　◎著

中国华侨出版社
·北京·

图书在版编目（CIP）数据

解开你的九型人格密码：自我心理成长的完美手册 / 杨敏著. -- 北京：中国华侨出版社，2025. 1. -- ISBN 978-7-5113-9343-2

Ⅰ．B848-49

中国国家版本馆CIP数据核字第2024UB8979号

解开你的九型人格密码：自我心理成长的完美手册

著　　者：杨　敏
责任编辑：罗路晗
封面设计：寒　露
经　　销：新华书店
开　　本：710毫米×1000毫米　1/16开　印张：10.75　字数：134千字
印　　刷：定州启航印刷有限公司
版　　次：2025年1月第1版
印　　次：2025年1月第1次印刷
书　　号：ISBN 978-7-5113-9343-2
定　　价：69.00元

中国华侨出版社　北京市朝阳区西坝河东里77号楼底商5号　邮编：100028
发行部：（010）64443051　　传　真：（010）64439708

如发现印装质量问题，影响阅读，请与印刷厂联系调换。

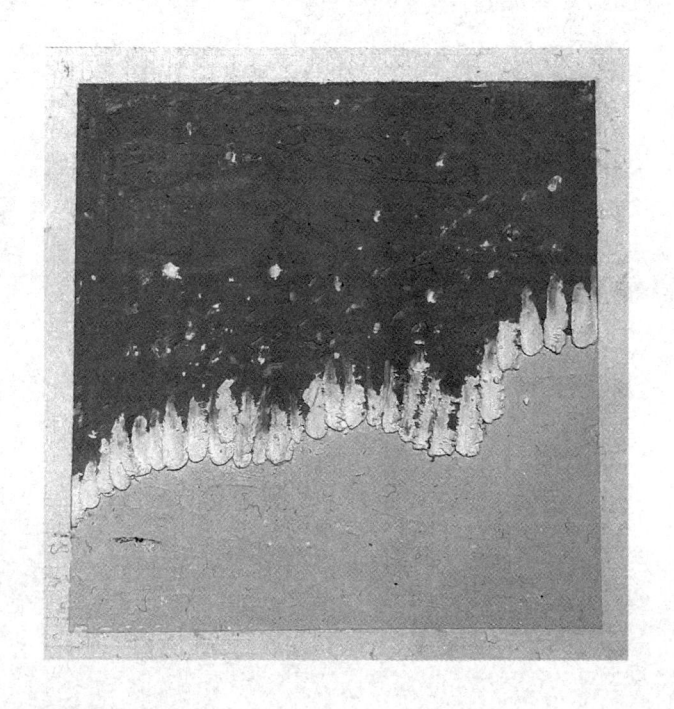

作品：《沫》（杨茉菲 绘）

生命过往如沙滩上的脚印，
　　海水退去即会消失，
　　只有你自己知道曾经来过。

——杨知

序言 Preface

　　人类文明在发展进程中留下了很多经典理论,对于现代社会有许多值得借鉴和参考的价值,经典之所以是经典,是因为其不仅适用于各种意识形态,而且能够经得起时间的检验。换言之,经典的理论之所以伟大,不仅是因为其提供了概念化的体系,更美妙的是如果你能真正汲取其中的精华,就可以享受经典理论带来的快乐,这种快乐的体验就如同驰骋在广阔无边的草原,抑或遨游在浩瀚无际的太空,我们可以在经典理论中无限地延伸,辐射到现代社会的每个角落,服务于我们每个人。就像今天我要和大家一起分享的九型人格性格指标(enneagram)一样,九型人格是近年来备受美国斯坦福大学等国际著名大学 MBA 学员推崇并逐渐成为现今热门的一门学科。九型人格的符号(图形及其内之三角形和六角形)充满了古老的智慧,可追溯到古希腊毕达哥拉斯(Pythagoras,约前580—约前500)时代,甚至更早的时期。九型人格理论则是现代学者的努力成果,现在被世人公认的基本概念是由乔治·伊万诺维奇·葛吉夫(G.I.Gurdjieff,1866—1949)提出的,并于20世纪上半叶介绍到西方,所以葛吉夫在学界被认为是把东方哲学精神传送到西方的先驱。他曾经游学许多古老密意知识流传的地域,在施教过程中,认识到人类有许多不必要的痛苦，用现代人的描述就是"庸人自扰"，这些烦恼和痛苦的产生并不是由外部环境导致的，而是由我们的性格缺陷造成的。他认为，我们每一个人都有一种主导的性格特征，即我们的"性格轴心"，其他飘忽不定的性格内容都由此产生，如果能够知道这种主导特征是什么，那我们就能更好地理解、超越甚至驾驭那些虚幻的性格，而那些虚幻的性格是在我们童年时代被迫形成的。

大学阶段，我开始系统学习九型人格理论，还热衷于对身边的朋友进行性格归类，并乐此不疲。有趣的是，一旦我对身边朋友的性格进行归类之后，我就能理解他们的很多行为并且能更好地与他们互动，多年的经验告诉我，这一"系统"对我一直是非常有效的，尤其是在从事警察职业之后，我发现无论是日常的群众工作还是侦查办案，对事件的分析和对犯罪嫌疑人的心理侧写，九型人格的性格归类都在无形中提供了很有价值的信息参考视角。所以，我坚信九型人格对于我们每一个人都无比重要，无论你在社会中扮演的是管理者角色，还是被管理者的角色，或是在家庭生活中扮演家长、孩子等，如果你能学会运用九型人格的性格归类，那么你一定会游刃有余地享受与人交往的乐趣。这本书也正是本着让我们每一个人的生活变得有趣，享受我们在一起工作、学习、生活的每一刻这样的初衷而写的。因此，我真诚地希望你有幸用它打开通往深层自我的密码。同时，非常感谢你在茫茫书海中选择了它，我也十分珍惜我们的这次相遇。

我要衷心感谢上海公安学院为我提供了良好的学术环境与学习资源，使我能潜心深入研究人格心理学，并将所学应用于实践。同时，要特别感谢学院基础部各级领导及心理学专业的老师、同事、朋友，他们不仅在学术上积极给予我指导，更在精神上给予我莫大的鼓励，让我有勇气面对各种挑战，自我突破，并持续前行。此外，我还要感激我的家人，家人永远是我最坚实的后盾，无论遇到何种困难，都能给予我无限的支持与爱。最后，衷心地向所有帮助过我的人表示最诚挚的感谢！

感谢关心支持，感谢一路有你！

2024 年 3 月 于上海

目录

第一章 初识"九型" ·· 1
- 第一节 九型人格简易测试 ··· 3
- 第二节 九型人格的发展变迁 ··· 10

第二章 九型人格核心理论基础 ······································ 15
- 第一节 九型人格的基本特征 ··· 17
- 第二节 九型人格：驱动行为的密码 ··································· 20
- 第三节 九型人格中的两翼性格和智慧三中心 ························· 22

第三章 解开你的九型人格密码 ······································ 25
- 第一节 "腹"中心人格密码 ·· 28
- 第二节 "心"中心人格密码 ·· 43
- 第三节 "脑"中心人格密码 ·· 57

第四章 九型人格：团队管理的解决方案 ···························· 71
- 第一节 九型人格在团队管理中的解决之道 ··························· 73
- 第二节 九型人格为管理者打开一扇新视窗 ··························· 80

第五章　九型人格：人际关系有效沟通工具……83

 第一节　与"腹"中心人格者的沟通之道……85
 第二节　与"心"中心人格者的沟通之道……88
 第三节　与"脑"中心人格者的沟通之道……92
 第四节　灵活使用九型人格工具……95

第六章　九型人格：教育管理中的有效策略……99

 第一节　九型人格在教学实践中的策略……101
 第二节　九型人格在师生互动中的策略……105
 第三节　九型人格在其他教育管理中的策略……108
 第四节　九型人格在教育管理中面临的挑战和限制……112

第七章　九型人格：司法实践的创新探索……115

 第一节　九型人格类型犯罪者的犯罪动机分析……117
 第二节　九型人格类型犯罪者在犯罪预备阶段的策略分析……128
 第三节　九型人格类型犯罪者在不同犯罪实施阶段的心理及
     行为特征……132

第八章　当九型人格遇上《红楼梦》……145

 第一节　《红楼梦》"腹"中心代表人物……148
 第二节　《红楼梦》"心"中心代表人物……152
 第三节　《红楼梦》"脑"中心代表人物……155

第一章

初识"九型"

第一节　九型人格简易测试

下面有108个陈述，在"◎"前有1～9的序号，分别代表完美主义者、给予者、实干者、悲情浪漫主义者、观察者、怀疑论者、享乐主义者、保护者、调解者这九型人格，在你认为符合你的陈述后面做个记号。为了确保量表的效度和准确度，请以你日常的生活表现为参考如实作答，而不是按照你所期望的理想表现作答。然后，把同一数字后面的记号统计相加，如数字"1"后面有3个记号，数字"2"后面有8个记号，数字"3"后面有1个记号，数字"4"后面有5个记号，等等。拥有最多记号的数字很有可能就是你的类型号。

请尽量避免过多思考，以你的第一反应进行判断，每题回答时间最好不超过1分钟。

☞ **准备好了吗？3、2、1，开始……**

9◎1. 我很容易迷惑

1◎2. 我不想成为一个喜欢批评的人，但很难做到

5◎3. 我喜欢研究宇宙的道理、哲理

7◎4. 我很注意自己是否年轻，因为那是找乐子的本钱

8◎5. 我喜欢独立自主，一切都靠自己

2◎6. 当我有困难时，我会试着不让人知道

4 ◎ 7. 被人误解对我而言是一件十分痛苦的事

2 ◎ 8. 施比受会给我更大的满足感

6 ◎ 9. 我常常设想最糟的结果而使自己陷入苦恼中

6 ◎ 10. 我常常试探或考验朋友、伴侣的忠诚

8 ◎ 11. 我看不起那些不像我一样坚强的人,有时我会用种种方式羞辱他们

9 ◎ 12. 身体上的舒适对我非常重要

4 ◎ 13. 我能触碰生活中的悲伤和不幸

1 ◎ 14. 别人不能完成他的分内事,会令我失望和愤怒

9 ◎ 15. 我时常拖延问题,不去解决

7 ◎ 16. 我喜欢戏剧性、多彩多姿的生活

4 ◎ 17. 我认为自己非常不完善

7 ◎ 18. 我对感官的需求特别强烈,喜欢美食、服装、身体的触觉刺激,并纵情享乐

5 ◎ 19. 当别人请教我一些问题,我会巨细无遗地分析得很清楚

3 ◎ 20. 我习惯推销自己,从不觉得难为情

7 ◎ 21. 有时我会放纵和做出格的事

2 ◎ 22. 帮助不到别人会让我觉得痛苦

5 ◎ 23. 我不喜欢人家问我广泛、笼统的问题

8 ◎ 24. 在某方面我有放纵的倾向(如食物、药物等)

9 ◎ 25. 我宁愿适应别人,包括我的伴侣,而不会反抗他们

6 ◎ 26. 我最不喜欢的一件事就是虚伪

8 ◎ 27. 我知错能改,但由于执着好强,周围的人还是感觉到压力

7 ◎ 28. 我常觉得很多事情都很好玩、很有趣,人生真是快乐

6 ◎ 29. 我有时很欣赏自己充满权威，有时又优柔寡断、依赖别人

2 ◎ 30. 我习惯付出多于接受

6 ◎ 31. 面对威胁时，我一是变得焦虑，二是对抗迎面而来的危险

5 ◎ 32. 我通常是等别人来接近我，而不是我去接近他们

3 ◎ 33. 我喜欢当主角，希望得到大家的注意

9 ◎ 34. 别人批评我，我也不会回应和辩解，因为我不想发生任何争执与冲突

6 ◎ 35. 我有时期待别人的指导，有时却忽略别人的忠告径直去做我想做的事

9 ◎ 36. 我经常忘记自己的需要

6 ◎ 37. 在重大危机中，我通常能克服对自己的质疑与内心的焦虑

3 ◎ 38. 我是一个天生的推销员，说服别人对我来说是一件简单的事

9 ◎ 39. 我不相信一个我一直都无法了解的人

8 ◎ 40. 我爱依惯例行事，不太喜欢改变

9 ◎ 41. 我很在乎家人，在家中表现得忠诚和包容

5 ◎ 42. 我被动而优柔寡断

5 ◎ 43. 我很有包容力，彬彬有礼，但跟人的感情互动不深

8 ◎ 44. 我沉默寡言，好像不会关心别人似的

6 ◎ 45. 当沉浸在工作或我擅长的领域时，别人会觉得我冷酷无情

6 ◎ 46. 我常常保持警觉

5 ◎ 47. 我不喜欢要对人尽义务的感觉

5 ◎ 48. 如果不能完美地表态，我宁愿不说

7 ◎ 49. 我的计划比我实际完成的还要多

8 ◎ 50. 我野心勃勃，喜欢挑战和登上高峰的感受

5 ◎ 51. 我倾向于独断专行并自己解决问题

4 ◎ 52. 我很多时候感到被遗弃

4 ◎ 53. 我常常表现得十分忧郁的样子，充满痛苦而且内向

4 ◎ 54. 初见陌生人时，我会表现得很冷漠、高傲

1 ◎ 55. 我的面部表情严肃而生硬

4 ◎ 56. 我很飘忽，常常不知自己下一刻想要什么

1 ◎ 57. 我常对自己挑剔，期望不断改善自己的缺点，以成为一个完美的人

4 ◎ 58. 我感受特别深刻，并怀疑那些总是很快乐的人

3 ◎ 59. 我做事有效率，也会找捷径，模仿力特别强

1 ◎ 60. 我讲理，重实用

4 ◎ 61. 我有很强的创造天分和想象力，喜欢将事情重新整合

9 ◎ 62. 我不要求得到太多的注意

1 ◎ 63. 我喜欢每件事都井然有序，但别人会认为我过分执着

4 ◎ 64. 我渴望拥有完美的心灵伴侣

3 ◎ 65. 我常夸耀自己，对自己的能力十分有信心

8 ◎ 66. 如果周遭的人行为太过分时，我准会让他难堪

3 ◎ 67. 我外向，精力充沛，喜欢不断追求成就，这使我的自我感觉良好

6 ◎ 68. 我是一位忠实的朋友和伙伴

2 ◎ 69. 我知道如何让别人喜欢我

3 ◎ 70. 我很少看到别人的功劳和好处

2 ◎ 71. 我很容易知道别人的功劳和好处

3 ◎ 72. 我嫉妒心强，喜欢跟别人比较

1 ◎ 73. 我对别人做的事总是不放心，批评一番后，自己会动手再做

3 ◎ 74. 别人会说我常常戴着面具做人

6 ◎ 75. 有时我会激怒对方，引来莫名其妙的吵架，其实我是想试探对方爱不爱我

8 ◎ 76. 我会极力保护我所爱的人

3 ◎ 77. 我常常可以保持兴奋的情绪

7 ◎ 78. 我只喜欢与有趣的人交友，对一些"闷葫芦"却懒得交往，即使他们看起来很有深度

2 ◎ 79. 我常往外跑，四处帮助别人

3 ◎ 80. 有时我会讲求效率而牺牲完美和原则

1 ◎ 81. 我似乎不太懂得幽默，没有弹性

2 ◎ 82. 我待人热情而有耐心

5 ◎ 83. 在人群中我时常感到害羞和不安

8 ◎ 84. 我喜欢利索，讨厌拖泥带水

2 ◎ 85. 帮助别人实现快乐和成功是我重要的成就

2 ◎ 86. 付出时，别人若不欣然接纳，我便会有挫折感

1 ◎ 87. 我的肢体硬邦邦的，不习惯别人热情地付出

5 ◎ 88. 我对大部分的社交集会不太有兴趣，除非那是我熟识的和喜爱的人

2 ◎ 89. 很多时候我会有强烈的寂寞感

2 ◎ 90. 人们很乐意向我诉说他们所遭遇的问题

1 ◎ 91. 我不会说甜言蜜语，因为别人会觉得我唠叨不停

7 ◎ 92. 我常担心自由被剥夺，因此不爱做承诺

3 ◎ 93. 我喜欢告诉别人我所做的事和所知的一切

9 ◎ 94. 我很容易认同别人所做的事

8 ◎ 95. 我要求光明正大，为此不惜与他人发生冲突

8 ◎ 96. 我很有正义感，有时会支持不利的一方

1 ◎ 97. 我注重小节而效率不高

9 ◎ 98. 我容易感到沮丧和麻木多于愤怒

5 ◎ 99. 我不喜欢那些侵略性强或过度情绪化的人

4 ◎ 100. 我非常情绪化，一天中喜怒哀乐多变

5 ◎ 101. 我不想别人知道我的感受与想法，除非我告诉他们

1 ◎ 102. 我喜欢刺激和紧张的关系，而不是稳定和依赖的关系

7 ◎ 103. 我很少在乎别人的心情，只喜欢说说俏皮话和笑话

1 ◎ 104. 我是循规蹈矩的人，秩序对我十分重要

4 ◎ 105. 我很难找到一种真正被爱的感觉

1 ◎ 106. 假如我想要结束一段关系，不是直接告诉对方，而是激怒对方来让他离开我

9 ◎ 107. 我温和平静，不自夸，不爱与人竞争

9 ◎ 108. 我有时善良可爱，有时又粗野暴躁，让人难以捉摸

☞ 恭喜你完成了九型人格简易测试！现在再花点时间做一下简单的统计吧！

1号　共计（　　）个记号　完美主义者

2号　共计（　　）个记号　给予者

3号　共计（　　）个记号　实干者

4号　共计（　　）个记号　悲情浪漫主义者

5号　共计（　　）个记号　观察者

6号　共计（　　　）个记号　　怀疑论者

7号　共计（　　　）个记号　　享乐主义者

8号　共计（　　　）个记号　　保护者

9号　共计（　　　）个记号　　调解者

接下来，按照你统计出来的号码数量，就可以初步判断自己是哪一个号码对应的人格特征了。在探索九型人格时，初步判断自己可能属于哪一个号码对应的人格特征是一个自我发现的过程。在这个过程中，你可能会通过自我观察、反思和对比九型人格的特征来寻找最符合自己的类型。然而，人们在不同的心境和环境下可能会表现出不同的行为特征，因此初次的自我评估不必过于确定或局限。我们可以通过以下几个方面，探索自己的九型人格类型。

1. 学习九型人格理论：了解九型人格的基本概念和每个号码对应的基本特征。这包括每个号码反映的核心恐惧、欲望、特征等。

2. 自我观察：在日常生活中，注意自己的行为模式、情绪反应、决策方式和人际关系中的倾向。尝试识别哪些行为和动机与你阅读到的九型人格描述相匹配。

3. 反思：思考你在压力下和安全舒适时的不同表现。九型人格理论认为，人们在压力下会表现出自己类型的防御机制，而在安全状态下则会表现出更自然的行为特征。

4. 询问他人：有时候，我们对自己的认识可能有盲点。询问你的家人、朋友或同事，他们可能会提供不同的视角，帮助你更准确地识别自己的人格类型。

> **5. 保持开放性**：人的性格是多面的，而且随着时间和经历的变化，你的九型人格类型也可能会有所变化。不要将自己局限于某一类型，而是将其视为一个动态的自我理解过程。
>
> **6. 专业指导**：如果可能，寻求专业的九型人格导师或心理咨询师的帮助，他们可以提供更深入的指导和客观的评估。

通过以上不同路径，我们可以更好地理解自己的性格特点，并利用这些知识来促进个人成长和提高生活质量。我们强调九型人格是一种工具，它的目的是帮助你更好地了解自己，而不是给你贴上标签。

第二节　九型人格的发展变迁

九型人格最卓越之处在于能穿透人们表面的喜怒哀乐，进入人心最隐秘之处，发现最真实、最根本的需求和渴望。

——海伦·帕尔默

海伦·帕尔默（Helen Palmer）是九型人格理论的杰出代表和传播者。她不仅创办了全球九型人格项目，还担任国际九型人格协会创始主任这一重要职位。通过她的努力，九型人格理论在全球范围内得到了广泛地推广和应用。同时，海伦·帕尔默著有包括全球畅销书《九型人格》（*Enneagram*）在内的多本九型人格相关著作。

追溯九型人格的历史和起源，则有一种神秘和多元文化的背景。尽管具体的起源尚不完全清楚，但许多学者认为它可以追溯到古代中亚地区，至少有2500年的历史，可能是由古代的苏菲派或者其他宗教团体所发展的。

九型人格的名称由希腊文"Ennea"（九）和"Gram"（图）组成，被称为"九柱图"，正好是一颗九角星，这个九角星的模型，能够揭示物质世界中任何事物的发展过程，从而用这种九角星模式来研究宇宙变化过程和自我意识发展。而这一论断是一个来自公元9世纪中亚和波斯地区兴起的神秘信仰——苏菲教派。"苏菲"（Sufi）这一名词系阿拉伯语的音译，关于其词源的说法多种不一。有的说是阿拉伯语"羊毛"的意思；有的说是源自阿拉伯语"赛法"（Safa），意为"心灵洁净、行为纯正"；有的说是源自阿拉伯语"赛夫"（Saff），意为"在真主面前居于高品位和前列"；还有的说是苏菲派因其品质和功修方式类似先知穆罕默德时代"苏法"（Suffah）部落的人，因此得名。苏菲派赋予伊斯兰教神秘色彩，主张苦行禁欲，虔诚礼拜，与世无争。信奉的人们认为，我们每个人无论男女、种族、文化、地域、信仰等，都被神灵赋予了不同的性格特征，不同的性格特征总结起来不外乎九种类型，即九个不同的号码。而这些性格特征之间又有一些神秘和互相影响的内在关系。当然，就像很多经典理论刚开始都很难被大众认可一样，在缺乏足够的科学依据的基础上，九型人格这一理论在20世纪以前的漫长岁月里，都没有办法进入主流社会，只是在一些神秘团体中口口相传。

20世纪10—20年代，乔治·伊万诺维奇·葛吉夫（G.I.Gurdjieff）作为一位充满个人魅力的精神导师，把"九型人格"这种属于苏菲宗教的口头传播系统吸收过来，用于自己的教学实验，并最早将九型人格介绍到俄国，在莫斯科等地集中讲授九型人格，直到20世纪上半叶传播到巴黎、伦敦、纽约等西方世界，才逐渐为欧美人所了解。或许正是因为那个年代的精神、文化传播途径、方式相对单一，这种经典的理论才得以传承下来。试想如果那个时期已经盛行互联网，在互联网的推动下，或成为名扬全球的经典，或成为一种一开始就被品头论足、众人唾弃的夭折物而流失在历史的长廊之中。这谁又能知晓呢？

所幸的是，20世纪60年代，智利心理学家奥斯卡·依察诺（Oscar Ichazo）首次将九型人格的九种性格特征总结排列出来，提出了现代九型人格的理论，被认为是现代九型人格的真正创始人。在此之后的不断推广实践中，依察诺为这九种性格分别起了名字，这就像父母在观察了自己宝贝日常的言行举止，综合其脾气品行特点给宝贝们分别起名字一样。就这样，依察诺在早期葛吉夫对九型人格主要特征的描述的基础上，结合自身的研究，提出了一个相对完整的九型人格体系。但人们发现依察诺的"九型人格"并不完善，他对每种性格作出的结论也并不全面，仅仅说明了一种性格类型的众多特征的某一方面，而且我们无法把他的描述性语言同心理学术语对应起来。每一种经典理论都必须经历岁月的磨砺，就像是真正完美的德行，都是在孤独的坚持中磨砺出来的。

当然，真正把九型人格分析和现代心理学联系起来的是智利精神病学家克劳迪奥·纳兰霍（Claudio Naranjo）。纳兰霍是将心理疗法与传统的精神疗法整合的先驱，被认为是"后人本心理学"中伟大的人物之一。长期致力九型人格学研究，他提出了搜集九型性格特质的核心方法，并将九型人格学发扬光大。他创造性地用心理学思想表述了九型人格的理论。他让这门学说变得广为人知，让人们可以从他人的故事中找到相似点，产生共鸣，从而发现自己的性格类型。可见，纳兰霍的工作在九型人格领域是具有创新性和深远影响的。

如果说纳兰霍的研究是为了把九型人格发展成心理分析工具，那么海伦·帕尔默则将精神练习和直觉训练冥想的内容引入九型人格，她是九型人格的集大成者。海伦·帕尔默对九型人格的研究强调了这一理论如何揭示人们内在最深层的价值观和注意力焦点，以及这些元素如何影响人的行为和思维模式。她认为，九型人格提供了一种深入的方法来理解和接纳自己及他人的性格特质。正如帕尔默所强调的，九型人格能够触及人们性格中最根本的部分——个体的价值观和注意力集中流向。与外在行为相比，这些内在特征更为稳定，通常不会因为外界的微小变化而改变。一个人的注意力其实直接决定了他们的能量流向。因此，了解一个人主要关注什么，就可以更好地理解他们行为的驱动力。

通过学习九型人格，我们可以更深入地了解自己的性格特点，包括那些不那么完美的方面。这种深入了解促进了对自己全面而真实的接纳。现代积极心理学同样鼓励人们积极接受自己的短处和不足，再利用自我认知活出真实的自我。当然，学习九型人格不仅有助于自我认识，也能帮助人们识别和理解不同人的性格类型。正如帕尔默所强调的那样，这种理解是与人有效沟通和建立稳定关系的关键所在。当我们深入了解他人行为背后的动力系统之后，我们会获得一种更为敏锐的觉察力，在处理彼此互动关系时也会变得更加游刃有余，从而建立更真挚、更和谐的稳定关系。

九型人格通过揭示个人的内在动机、恐惧、欲望和反应模式，帮助人们更深入地了解自身的运作方式。这种自我认知是自我接纳和自我提升的基础。九型人格作为一种深入的心理分析工具，被许多人视为解码人类性格的"金钥匙"，不仅可以打开自我认知大门，也构建了有效的沟通和理解他人的数据模型。通过了解自己的性格类型，个体能够识别自己的强项和潜在的弱点，从而更有针对性地发扬自己的优点，并努力克服或管理缺点。同时，了解九型人格理论可以帮助人们识别在与他人的交流中可能遇到的不同性格类型。这种理解有助于减少误解和冲突，促进人际关系和谐发展。

如今，九型人格理论已逐渐应用于教育管理、企业管理、市场营销、司法实践、心理治疗、婚姻家庭等诸多方面。同时，九型人格也被当作强有力的人力资源管理工具。全球500强企业广泛使用九型人格进行团队建设和员工培训，管理者通过了解不同员工的人格类型来增强团队互动和提升执行力，制定更为个性化的管理策略，设计出更合适的激励机制和工作流程，优化团队整体效能，提高整体工作效率和员工满意度，提升团队的核心竞争力，进而获得可持续发展的原动力。

九型人格的理论和实践已经证明了其在全球范围内的普遍适用性，并在多种文化背景下展现了有效性和适应性。随着全球化深入，九型人格理论不断演化，以适应不断变化的社会和文化需求，从而保持其持续的相关性和应用价值。

未来的发展将进一步推动九型人格与高科技手段的结合，特别是脑科学和人工智能领域的迅速发展，可能带来更加个性化和高效的学习及应用方式。这种科技的融合不仅能提高九型人格理论的精确性，还能极大地扩展其在心理健康和个人发展领域的应用范围。九型人格的深度和广度都预示着它在未来将有更多的探索和发展机会。作为一种古老的性格分类系统，九型人格不仅富含历史价值和文化价值，其在现代社会中的广泛应用也展现了它的潜力和实际效用。无论是从理论研究还是从实际应用的角度来看，九型人格都拥有巨大的发展空间。相信在智慧赋能的未来，九型人格理论必将焕发出更多迷人魅力。

第二章
九型人格核心理论基础

第一节 九型人格的基本特征

在本章我们一起来学习和了解各型人格中的一些基本性格特质，因为是初遇"九型"，所以我们就像是一对恋人初识一般，怀着感性、好奇、简单纯粹的心态来了解一下这个将让你钟爱一生的神奇女子/男子吧！

简单来讲，九型人格的理论是按照人们的核心价值观和关注度焦点的不同，将人分为九种：完美型（完美主义者）、助人型（给予者）、成就型（实干者）、自我型（悲情浪漫主义者）、理智型（观察者）、疑惑型（怀疑论者）、活跃型（享乐主义者）、领袖型（保护者）、和平型（调解者）。需要说明的是，九型人格的类型名称仅作为参考，不能简单地概括，或是简单地对某人"贴标签"。九型人格在发展的过程中，仅仅用数字是很难形容或者说明某个性格特征的。随着越来越多的人开始接受这一文化，更多的人参与其中，数字代表特征也就慢慢地被赋予更多文字表述，这当然有利于一种新型理论迅速地被传播，但由于文化、地域、政治等背景不同，文字的表述也存在差异，加之个人理解也千差万别，在本书不同章节中也会出现不同的诠释，但不管怎样，值得肯定的一点是，用文字表述性格特征，在某种程度上能够帮助初学者很好地认识和记忆这些性格特征，也有利于九型人格的进一步推广和发展。当然，用文字表述性格特征也有局限性，那就是容易让学习者造成对某个性格特征片面的认识，或是限制了我们对 9 个号码本身的理解。因此，我们说九型人格的名称只是对这个人格类型的一个主要特征的抽象代号，并不涵盖其全部特征。尽管不同的九型人格书中在名称表达上有细微差异，含义却是一致的，因此不可根据类型名称"望文生义"，那样容易犯一叶障目式的错误。

九型人格各型的核心价值观、注意力焦点、基本恐惧和主要特征等概括性简介如表 2-1 所示。值得注意的是，九型人格完整体系远不止表格所述，如侧翼、副型、发展层级等更为深入的部分未列其中，表格中只是九型人格的一些最基本、最核心部分的简单概括。

表 2-1 九型人格各型基本特征简介表

性格	8号（保护者）	9号（调解者）	1号（完美主义者）	2号（给予者）	3号（实干者）	4号（悲情浪漫主义者）	5号（观察者）	6号（怀疑论者）	7号（享乐主义者）
核心价值观	强大、掌控、保护他人	安宁、平静、和谐	按照标准做到正确、完美	首先付出爱才能赢得喜欢	有成就才获得他人的认可	个性、独特、自我存在感	弄懂客观世界规律	确定、支援和保障	快乐、自由、多种选择
主要情绪	欲望	怠惰	愤怒	骄傲	欺骗	妒忌	贪婪	害怕	贪食
注意焦点	控制	他人立场	对错	对自我的认可	对工作的认可	关注遥远、讨厌眼前	别人想从我这里得到什么	潜在的意图	快乐的选择
核心性格的内化和外化	容易发火（外化）	沉默中愤怒、被动中进攻（核心性格）	生气合理化（内化）	注意他人的感觉（外化）	搁置感觉（核心性格）	感觉被戏剧化夸大（内化）	害怕去感觉（内化）	不行动，但害怕被融解到有感觉（核心性格）	害怕 我感觉到了什么 愤怒
基本恐惧	被认为软弱、被人伤害、控制、侵犯	失去、分离、被歼灭	自己错、变坏、堕落、被认为是有缺陷的	失去爱、不被爱	没有成就、一无所有	失去自我认同感或存在的意义	无知	得不到支持和引导、怕孤独	自己的时间被占用、空间被人束缚
基本欲望	决定自己生命中的方向，捍卫自身的利益，做强者	希望自己是对的、好的、圣洁的、诚信的、做对人对事	感受爱的存在	感觉有价值、被接受	找到自我，在内在经验中找到自我认同	洞悉一切	得到支持和安全感	能开心、无拘无束地寻找乐趣
基本信念	如果我坚强及能够控制自己的处境，我就OK了	如果我身边的人OK了，我就OK了	只要我做得对，我就OK了	如果有人爱我及有人被我爱护，我就OK了	如果我成功及受人敬仰，我就OK了	如果我忠于自我，我就OK了	如果能知晓一切，我就OK了	如果我能达到别人对我的期望，我就OK了	如果能让我尽情享受生活，我就OK了

第二节　九型人格：驱动行为的密码

1. 改革者（完美型）（Reformers）：追求完美的世界

（1）崇尚有价值的生活。
（2）改善自我和他人。
（3）避免遭到谴责。

2. 给予者（助人型）（Helpers）：乐于帮助他人

（1）希望被认可和被欣赏。
（2）赞赏他人的表现。
（3）避免被忽视或不被爱。

3. 激励者（成就型）（Motivators）：渴望成功，实现存在价值

（1）善于创造和超越。
（2）取得显著的成就。
（3）避免失败或排斥。

4. 个人主义者（自我型）（Individualists）：追求不一样的我

（1）希望感同身受和被读懂。
（2）冥思人生的意义。
（3）避免平庸或不胜任。

5. 观察者（理智型）（Thinkers）：获取客观信息，洞悉世界

（1）独立思考和观察。

（2）不断自我学习以胜任。

（3）避免被认为愚昧无知。

6. 忠诚者（疑惑型）（Loyalists）：渴望获得安全感，追根溯源

（1）用怀疑的目光看待一切。

（2）愿意自我牺牲，非常忠诚。

（3）避免失败和被认为叛逆。

7. 热衷者（活跃型）（Enthusiasts）：享受青春，渴望永远年轻

（1）乐天派，只做有趣的事。

（2）渴望永远年轻，充满活力。

（3）避免作出承诺，逃离束缚。

8. 指挥者（领袖型）（Generals）：喜欢控制局面，希望自己把握事情的发展

（1）自信、果断、斗志旺盛。

（2）用自己的实力，维护共同利益。

（3）避免遭受冷落、失去控制权。

9. 协调者（和平型）（Harmonizers）：维护和谐，感同他人，为人亲切

（1）考虑各方观点，营造和谐气氛。

（2）善于寻找解决矛盾冲突的最佳方案。

（3）避免矛盾、争执、冲突。

第三节　九型人格中的两翼性格和智慧三中心

一、两翼性格

九型人格性格指标类型图（图2-1）看似一张具有九个角的简单图谱，但其中又有不同方向的箭头，略显神秘，实则每一个数字的任何一边都有其独特的两翼性格（提示：我们把九角星中的3号、6号、9号角所代表的性格称为核心性格，而位于这三个核心角两侧的邻角，被称为核心角的两翼，两翼角所代表的是核心性格的变异类型）。比如，3号角的两翼，即2号角和4号角，这两种性格类型同样具有3号性格所具有的很强的想象力和创造力，而且他们对生活的态度都是基于自己的感受。

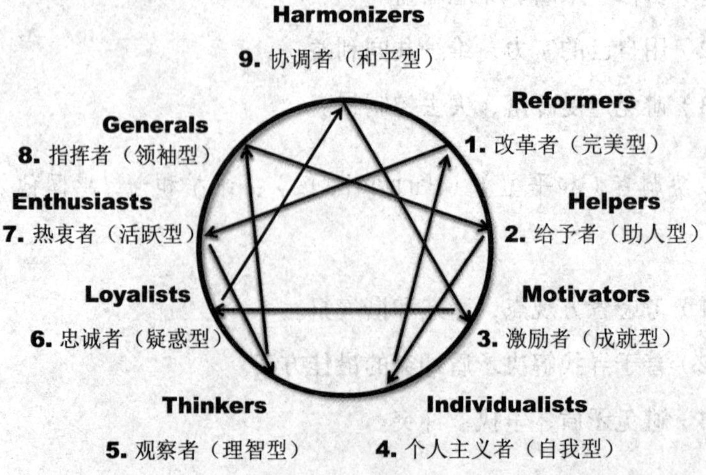

Harmonizers
9. 协调者（和平型）

Generals
8. 指挥者（领袖型）

Reformers
1. 改革者（完美型）

Enthusiasts
7. 热衷者（活跃型）

Helpers
2. 给予者（助人型）

Loyalists
6. 忠诚者（疑惑型）

Motivators
3. 激励者（成就型）

Thinkers
5. 观察者（理智型）

Individualists
4. 个人主义者（自我型）

图2-1　九型人格性格指标类型图

在心理治疗过程中，两翼性格所潜藏的核心倾向，会在治愈过程中逐渐显现。在九星图中，只有3号、6号、9号角的两翼，才是核心性格的外化或内化表现。其他角的两翼则不存在这样的内在关系。比如，1号角的两翼是9号和2号，它们并不是1号性格的外化或内化表现。但值得注意的是，尽管如此，任何角的两翼都非常重要，因为它们同样会对中心角的性格产生影响。两翼的影响让各种性格更具特色，即便是属于同一性格类型的两个人，他们也不会完全一样。比如，同样是4号性格的人，由于他们偏向不同就会具有不同特质，一个偏向3号的4号性格者，就会比一般的4号性格者更加进取、更有活力，而一个偏向5号的4号性格者，则要比一个一般的4号性格者更加以自我为中心，其内心也就更加孤独。

二、智慧三中心

根据葛吉夫和依察诺的理论，人类的智慧存在精神智慧、情感智慧和本能智慧三种形式，也称"智慧三中心"。而这三种中心分别对应于我们身体的三个中心，分别是产生精神智慧的思维中心——大脑；产生情感智慧的感觉中心——心脏；产生本能智慧的身体中心——腹部。因此，就有了我们在有些资料中看到的"8、9、1"被称作"腹"中心的人，"2、3、4"被称作"心"中心的人，而"5、6、7"被称作"脑"中心的人。这样的分类方式让我想到了我们老祖宗的《易经》中的八卦，同样对应着我们身体的不同部位。比如，乾卦就对应了人体的头部，坤卦对应了腹部，兑卦对应了口，离卦对应了眼睛，震卦对应了足部，巽卦对应了腿，坎卦对应了耳朵，艮卦则对应了手。从这个意义上来讲，东西方的智者在创造某一新理论时有异曲同工之妙，都注重"以人为本"。

回到智慧三中心的话题，关于三中心有一个故事很好地描绘了其中的基本属性，非常有象征意义：一个放牛的牧童坐在一个三脚凳上挤牛奶。牛奶象征着收获的知识和生命延续的必备养分。有一天，三脚凳中的一条腿断掉了，于是牧童在挤牛奶的时候，他的注意力并非在挤牛奶这件事上，而是担心会不会因此而摔倒。这个故事告诉我们，每个人都拥有三种最基本的关系领域（亲密关系、社会关系、个体生存关系），当我们的某一种关系受到损伤时，我们就会在精神上格外关注缺陷的方面，以此来缓解因为损失而引起的焦虑。比如，所有3号性格者对于安全感、名利、外在形象等都非常关注，当3号在社会关系方面受到很大打击或自认为是缺点时，那么他的关注度必然在个人的社会地位、社会角色等方面，也就是说他会对名利特别敏感和关注。由此，我们得到了每个号码的关注点，分别是：1号的关注点在于注重评估环境中的是与非，也就是1号对事物的是与非的标准非常关注；2号的关注点在于渴望获得他人的认同；3号的关注点在于希望自己的工作表现得到积极的正面的关注和肯定；4号的关注点在人或物的存在的价值意义之间徘徊；5号的关注点是希望保留隐私权；6号的关注点是在环境中搜索隐藏着的有利线索；7号的关注点是快乐的精神状态和乐观的未来计划，所以你会看到很多7号性格者对于自己的未来有着非常美好的憧憬；8号的关注点在于寻找任何与失控相关的暗示或是隐喻，与8号性格者互动中，如果让他意识到自己在其中并不是主导地位，这会让他产生焦虑感，进而易引发其愤怒情绪；9号的关注点是企图决定他人的计划安排甚至是思想。

总之，在这张神秘的九型人格图谱中蕴含了许多不同的组合和变化，因此，九型人格也被很多心理学家认定为是一套全面而又精确的人格归类系统。

第三章
解开你的九型人格密码

现代社会每个人都活在快节奏之中，许多人都梦想着一夜成名、一夜暴富，对于知识的获取也是恨不得像很多电影画面中描述的那样，一个一无所知的机器人通过浏览电视、网站等媒体迅速掌握各种语言，而且全世界的资讯都尽在掌握中。我们的学习也要适应各位的口味，如果你觉得前面提到的108个简易量表还是有些麻烦，那么福利来了，请根据自己的实际情况，从以下几个短语中做出自己的选择吧。

（1）我讲究原则，对任何事物要求都比较高；
（2）我是一个关怀他人、有占有欲的人；
（3）我适应能力强、有事业心、注重形象；
（4）我有抑郁气质，有时会自我陶醉；
（5）我热爱学习，是别人眼中的"学霸"；
（6）我对自己认可的人绝对信任；
（7）我精力充沛，新鲜的事物我都想去尝试；
（8）我自信果断，喜欢主导一切；
（9）我沉稳平静，不喜欢与人争斗。

以上选项你会选择哪一个呢？试着检测一下你所选择的选项是不是最能描述自己的，如果不是，就该考虑一下另一种更吻合的选项，直至选出最符合自己的某一个选项。一些认真看过前一章的朋友，应该可以知道这些选项其实依次对应了1号到9号不同的性格类型。但值得注意的是，越是简单的测试，精准度越差。反之，想要得到更为客观真实的结果，测试的内容必然要更加全面和复杂。所以，以上的测试仅是满足了那些想花很少时间就能初步判断自己的性格类型的人。

好了，初步了解了自己的号码之后，将有助于我们更加有针对性地学习以下内容。让我们通过深入地认识九型，进而真正地爱上"九型"。

第一节　"腹"中心人格密码

一、8号性格——统帅者/挑战者/领导者

（一）8号的基本特征

8号是自信而无畏的，以自身出众的本领去领导他人，他们通常是足智多谋、崇尚实干的人。一旦他们越发变得爱对他人指手画脚、咄咄逼人时，他们就很有可能会被权力冲昏头脑。

1.顺境时的表现

自律、无畏，以己之力帮助他人实现所需，为了实现目标会表现出英雄般不畏艰险困苦的特点。

2.健康状态下的表现

（1）独断而自信。

（2）以行动为导向的态度和内在动力。

（3）足智多谋的积极行动者，有着果断、独裁、居高临下的领导架势。

（4）推行有意义的行动和有价值的事业。

3.一般状态下的表现

（1）冲动爱冒险，并且为了证明自己也不惜以身犯险。

（2）性格好斗、自大，追求权力。

4.不健康状态下的表现

所有的事对于他们来说都是一场不能输的比赛。

（二）童年影响

经历过意志的考验或是混乱的局面，他们懂得了意志力的强大力量，并且也造就了他们觉得任何事都能够得偿所愿的信心。

（三）8号童年内心的声音

我要变得足够强大，才能得到父母的肯定。

（1）主要动力：追求自立。

（2）次要动力：

①坚持己见并为他人所尊敬。

②支配他人，实现所愿。

③掌控欲与权力欲。

（3）害怕：被他人支配。

（4）优点：宽宏大量——宽宏的心让他们将利己之心转化到帮助他人之上。

（5）缺点：贪欲——主要是对权力的贪欲，当然当他们会想方设法去控制他人时，也有一部分是对性的贪欲。

（6）有效的领导力：他们会接近2号最好的特质，他们将自身的权力用于服务他人，变为济世为怀的服务者，而不再是他人的主宰者。

（7）无效的领导力：他们会接近5号最糟糕的特质，变为彻底的独裁，以至于让他们越发偏执且四处树敌。

（8）实现的主要力量：勇于为自己发声，表达自己所想所信。

（四）8号的信仰

强者才能生存，而我将是其中的一员。

（五）自我评论

（1）我们跃入暂时的平静里去引领方向。

（2）完成即成功，我们因而有了动力。

（3）我们没法耐着性子和愚蠢的人相处。

（4）我们勇于承担压力。

（5）我们的命运由我们自己掌控。

（6）通过战略性思维将他人引向高尚的追求。

（7）为了保证任务顺利完成，我们愿意承担管理职责。

（8）随时愿意并且也准备着做出重大决策。

（9）我们会说服你前进的。

（10）我们尊重那些当面拒绝的人，而不是那些逃避正面对质的人。

（11）我们重视指挥体系，但是却容易陷入权力的真空里。

（六）领导力发展模式

（1）自律克己，我们真正的力量在于激励他人。

（2）我们需要关注他人的权利，那样他们才会尊敬而不是畏惧我们。

（3）学会偶尔听从他人的想法，长此以往保持着想要支配他人的欲望的话会表现为自大、自我膨胀，且会引起冲突。

（4）虽然我们向往独立自主，但是我们也需要认识到自身对他人的依赖以及和他人间的相互依赖。

（5）从利己主义变为为他人服务的崇高追求。

（6）权力来自那份能够宽宏大度去运用它的责任感。

（7）改变我们过于直率的特点，我们要更敏锐地感知他人对我们行为做出的反应。

（8）学会如何去支持他人，并且鼓励他人开展领导工作。

（七）8号领导力的优势和劣势

1. 8号领导力的优势

（1）他们身上与生俱来具有领导的强大磁场。

（2）关注正义，喜欢保护他人。

（3）态度强势，无信仰或无价值观。

（4）强烈的控制欲。

（5）在竞争中，一心想赢不服输，绝不会让自己扮演失败者的角色。

（6）在表达自己的观点时，态度十分强硬，气势咄咄逼人，绝不容他人否定。

2. 8号领导力的劣势

（1）难以和掌权者和平相处。

（2）过于在意某些细节，行动中对一些小事要求过于苛刻。

（3）行事鲁莽，把人得罪了自己还不知道。

（4）难以妥协，即便对方的观点得到大多数人的认可，也表现出强硬的不妥协态度。

（5）失败之后容易陷入绝望，不能自拔。

（6）行事作风强硬，缺乏人情味。

✎ **请列举你关于领导力的问题或事例。**

二、9号性格——和平者/调停者/保守者

（一）9号的基本特征

> 9号温顺善良，和平主义，乐于营造一种人人都能舒适自处的和谐氛围。只是9号太过追求和谐，以至于更胜过他们想要为自己发声的需求了。他们有时会很合群，但没有自己的独特个性。

1. 顺境时的表现

独立自适，既可以独身一人，也能够与他人建立深厚的友谊。

2. 健康状态下的表现

（1）极温顺的性格，情绪稳定、平和。

（2）平易近人，真诚善良，乐观向上，以一种可以安定心神的影响力起到协助作用。

3. 一般状态下的表现

（1）不爱出风头，任意随和。

（2）性格温顺，惯性思维者。

（3）对于他们不想见到的事，可以做到选择性无视。

4. 不健康状态下的表现

（1）压抑自我，不能完整开发自己的人格。

（2）逃避一切问题，但是仍处于无助和难以信赖的状态。

（二）童年影响

积极认同父母的形象，他们学会了在生活中从他人身上感知自我。接受性带来了稳定性，他们不愿意去破坏这种平和状态。

（三）9号童年内心的声音

我要学会懂事，才会得到父母的肯定。

（1）主要动力：找寻和他人的连接点/共通点。

（2）次要动力：

①拥有平静与和谐。

②调解冲突。

（3）害怕：与人群疏远。

（4）优点：耐心——充满希望，热心的观察者，接纳他人的发展方式并愿意给予相应的支持。

（5）缺点：懒惰——缺乏自我意识，他们生活在虚妄的希望和令人安慰的臆想之中。

（6）有效的领导力：他们会接近3号最好的特质，开发自我，掌控自己的生活，成为有自信和独立的人。

（7）无效的领导力：他们会接近6号最糟糕的特质，被焦虑打倒，变得荒谬、有自虐倾向，全然指望他人。

（8）实现的主要力量：为自己的世界带去平和与治愈。

（四）9号的信仰

为什么大家不能和谐共处呢？

（五）自我评论

（1）当他人烦恼时，我们还是泰然自若。
（2）世界要充满和平与美好。
（3）请平等地与我们交流。
（4）通过总结而确信在某个点上人们都是能够找到共同之处的。
（5）我们避免做出草率的决定。
（6）我们帮助他人开发潜能。
（7）我们能够迟些再担任领导角色吗？
（8）公正公平地处理问题。
（9）过程和结果一样重要，甚至应该是过程更为重要。

（六）领导力发展模式

（1）审视我们想要合群的向往，观察这样的向往是否阻碍了我们成为本来的自己。我们只有自己先独立起来，才能再开始考虑为他人着想。

（2）做一个积极的参与者，无论是精神层面还是感情层面，都要有所回应。

（3）感知到我们负面的情绪，这样才能够正确地处理它们，而不是任由它们宣泄。

（4）探究我们如何在人际关系中起到作用。舍弃短暂的和平是为了获得更长远的满足感。

（5）我们身体的症状可以通过表达出我们的情感而得到缓解，所以不要再压抑我们的情感了。

（6）直面危机既会提升我们的自信心，也可以让我们在他人面前展现出自己的实力。

（7）承认自己美好的经历与失败的经历，才能够真正印证自己是活生生存在着的。

（8）放心地在重要的人际关系里展现出自己的恐惧与焦虑。我们可能会吃惊于由此带来的良好反应，并为自己终于站出来表达自我而感到庆幸。

（七）9号领导力的优势和劣势

1. 9号领导力的优势

（1）心态平和稳定，擅长调解冲突。

（2）倾听技巧高超，深刻理解他人需求。

（3）耐心十足，能够持久坚持目标。

（4）团队协作能力强，能促进团队和谐。

（5）决策稳健，深思熟虑后行动。

（6）尊重差异，富有同理心，关怀员工。

（7）鼓励创新，激发团队潜力。

2. 9号领导力的劣势

（1）决策时易犹豫不决，影响效率。

（2）倾向依赖他人意见，缺乏独立判断。

（3）过度追求和谐，可能掩盖问题本质。

（4）竞争意识相对薄弱，缺乏主动挑战的精神。

（5）易受外界影响，立场不够坚定。

（6）面对变化时稍显被动，应变能力有限。

（7）追求完美可能导致行动迟缓。

（8）有时宽容过度，未能及时纠正错误。

✎ **请列举你关于领导力的问题或事例。**

三、1号性格——改革者/完美主义者

(一)1号的基本特征

> 1号是一个永远在寻找完美世界的人。他们勤奋工作只为提升自己以及帮助身边的每一个人,所以他们也是通情达理的,注重客观性,特别讲原则。他们不断地努力追求卓越,以达到预设的目标。为此,他们对自己和他人有着一套严谨甚至有些苛刻的评判标准,当自己或他人未能达到预设目标时,就会感到焦虑或愤怒。

1. 顺境时的表现

(1)生活中扮演着道德评判者的英雄形象。

(2)充满睿智,具有出色的是非判断力。

2. 健康状态下的表现

(1)坚定的信念,对正确和错误有着自己深刻的感受。

(2)有着强烈的是非观念和道德价值观。

(3)理性,自律,讲究原则。

3. 一般状态下的表现

(1)坚韧的意志力,有改变现状和环境的强烈欲望。

(2)遵纪自律,自制力强,有秩序性、组织纪律性。

(3) 好批判，吹毛求疵，挑刺找错是他们的专利。

4. 不健康状态下的表现

（1）自以为是，心胸狭窄，对他人的错误无法容忍。

（2）独断专行，只有他们说的是"真理"，其他人说的都是不正确的，或者在他们看来都是荒唐可笑的。

（3）严苛地审判，对别人的错误喋喋不休。

（4）行动自相矛盾，说教是一回事，做则是另一回事。

（二）童年影响

（1）学会遵守父母的崇高的道德期望。

（2）花更多的精力在避免内疚和自责。

（3）童年的记忆是"你可以做得更好"。

（三）1号童年内心的声音

要做得更好，这样父母才会喜欢我。

（1）主要动力：用"正确"的方法，做"正确"的事。

（2）次要动力：

①公平公正地对待他人。

②通过控制达到改变。

③消除错误。

（3）害怕：遭到公开谴责。

（4）优点：睿智、正直。

（5）缺点：自以为是，容易自鸣得意，自负。

（6）有效的领导力：他们会接近7号最好的特质，接受不完美的现实，他们会变得更加从容、善良、仁慈。

（7）无效的领导力：

①他们会接近4号最糟糕的特质，没有同情心地追求一种抽象的理想。

②认识到失败，感到深深的内疚。

（8）实现的主要力量：通过智慧和敏锐的洞察力实现更高的目标。

（四）1号的信仰

用正确的方式，实现完美的结果！

（五）自我评论

（1）世界因拥有我们而精彩，因离开我们而黯淡。

（2）无须制造太多惊喜，只要精心地策划和安排。

（3）请为我们无与伦比的能力喝彩吧！

（4）行事要坚持规则、结构和程序。

（5）渴望基本观点的遵守和清晰的程序。

（6）事业上的获得要比生活上的获得更令人感到愉悦和兴奋。

（7）我们是无与伦比、堪称完美的。

（8）不能胜任工作的人，不受我们尊重。

（9）选择合理的行动步骤。

（10）人生要胸怀大志以实现自我期望。

（11）追寻纯粹的内心。

（12）理想和现实的更替。

（13）一切都是需要标准的。

（14）喜欢讲道说教。

（15）爱给建议。

（16）有一种向着目标不断前进的使命感。

（六）领导力发展模式

（1）我们不是世界的救赎者，也不是超人。

（2）避免对任何事物都去武断地评判和吹毛求疵。

（3）避免对自己和他人过于急躁，应学会宽容和仁慈。

（4）避免自以为是，要认识到一味地说教未必对别人有效，反而可能导致自我焦虑。

（5）用我们的智慧，而不是武断地做出决定。

（6）条条大路通罗马，多聆听别人的声音，或许他们有更多值得借鉴的意见。

（7）人无完人，无须万事都做到极致完美。

（七）1号领导力的优势和劣势

1. 1号领导力的优势

（1）以身作则。

（2）不安于现状。

（3）力求高品质。

（4）追求完美。

（5）组织性强。

（6）始终如一。

（7）敏锐的洞察力。

（8）诚实可靠。

（9）注重创新实践。

2.1号领导力的劣势

（1）反应过度。

（2）评判过度。

（3）遭批评时极力反驳。

（4）忽视自己的深层愤怒。

（5）过分关注细节。

（6）控制欲强。

（7）固执己见。

（8）急躁、不耐烦。

（9）自以为是。

✎ **请列举你关于领导力的问题或事例。**

第二节 "心"中心人格密码

一、2号性格——助人者/给予者

(一)2号的基本特征

> 2号是一类富有同情心、关心他人、慷慨大方、体贴周到的人,他们总是愿意想方设法去帮助别人,他们需要成为被需要的人,有意无意地会提醒他人,自己付出了很多,从而希望得到他人对他们的感激之情。

1. 顺境时的表现

无私奉献、利他,给予无条件的爱。

2. 健康状态下的表现

(1)同理心,同情心,感激和关怀。

(2)服务意识强,慷慨大方,乐于助人。

3. 一般状态下的表现

（1）自我牺牲。

（2）希望他人能依赖自己，给自己驱动力。

（3）感情用事，以恩人自居，期望被感激。

4. 不健康状态下的表现

（1）感到不被赏识、被忽略，变得不满和抱怨。

（2）有操纵欲，自私地想要利用他人的负罪感。

（二）童年影响

（1）通过对他人的付出而融入家庭，想方设法要赢得"疏离"的父母的赞赏。

（2）在孩童行为表现中趋于父母、长辈、老师等权威人物所期望或赞许的模式。

（3）为了获得对方的爱，而迎合对方的期许或需要，缺少无条件的被爱。

（三）2号童年内心的声音

要更多地去帮助对方，才会得到父母的爱。

（1）主要动力：被爱、被需要。

（2）次要动力：

①和他人亲密无间。

②让他人感激自己的存在价值。

（3）害怕：担心不被爱。

（4）优点：博爱、无私、谦逊地奉献。

（5）缺点：骄傲。

（6）有效的领导力：他们会接近4号最好的特质，触及真挚的情感和动机。

（7）无效的领导力：

①他们会接近8号最糟糕的特质，打击报复那些对自己不友好的人。

②怨恨他人没有对自己抱以感激之心。

（8）实现的主要力量：既要培养自己，也要培养他人。

（四）2号的信仰

用别人对我的需要，满足我内心被爱的需要。

（五）自我评论

（1）我们能帮助你把工作完成得更出色。

（2）我们能从鼓励他人中获得深深的满足感。

（3）不要问我们，你能帮上什么忙，你只要过来和我们一起努力就行了。

（4）想要成为对顾客和员工有价值的人。

（5）我们怎样才能帮到你呢？

（6）追求共赢。

（7）我们把时间花在了微笑、致电和联系他人之中。

（8）我们承担了太多，不想让任何人失望。

（9）每个人都是平等的，所以我们会去帮助每一个人。

（10）我们总是很难做出那些可能会导致他人失望的决定。

（11）想要被视作是有能力的，而不仅是有帮助的。

（12）要是你没有注意到我们的付出，我们会觉得很不爽。

（13）想要得到大众的认可，不过又羞于承认这一想法。

（14）为了建立良好的人际关系，会不嫌麻烦地做一些琐碎的好事。

（15）数据并不是一切，但员工是。

（16）感情的投资既可能成为助力，也可能成为障碍。

（六）领导力发展模式

（1）变得慷慨豪爽，且不过分计较回报。

（2）注重自身的动机，控制他人以满足我们的需求。

（3）忍住想要让自己或自己的付出得到关注的诱惑。

（4）看看在我们帮助别人的时候，我们给自身造成了多少工作负担。

（5）将我们与他人间的互相依赖更多地表现在同他人的直接交流之中。

（6）要对自己负责，一定要为自己设下行事的底线。

（7）学着不要感情用事，要懂得不是人人都会喜欢我们的。

（七）2号领导力的优势和劣势

1. 2号领导力的优势

（1）细致地观察。

（2）体恤下属。

（3）善解人意、通情达理。

（4）让下属感到被照顾、被呵护。

（5）会记住他人的生日，并为他们准备祝福或特别的礼物。

2.2号领导力的劣势

（1）感情用事。

（2）不讲原则。

（3）忽视自己的需要。

（4）过分偏袒弱势者。

（5）有时过度通过奉承来拉拢他人。

（6）迎合多数，缺少必要的主见。

（7）故意讨好在团队中具有核心影响力的人物。

（8）有推脱责任的倾向。

（9）缺少改革创新、锐意进取的精神。

（10）领导的团队缺少竞争意识，容易形成"你好我好大家好"过分的一团和气。

✎ 请列举你关于领导力的问题或事例。

二、3号性格——激励者／成就者／实干者

(一) 3号的基本特征

> 3号有着较强的适应性，充满活力、充满野心并有着提升自我的渴望。他们知道如何融入不同的环境。他们有时因为好胜心过强，可能显得太要面子了。

1. 顺境时的表现

自我接纳，可靠、真诚、接受自己的局限性。

2. 健康状态下的表现

（1）自信且受欢迎，努力提升自我。

（2）出色的驱动者，遇事能展现出说服力。

3. 一般状态下的表现

（1）富有竞争性，想要做得比别人优秀。

（2）追求地位、成功和名望。

（3）注重外在胜过实质。

4. 不健康状态下的表现

（1）害怕失败和羞辱，他们会说一套做一套，以此保护自身的形象。

（2）可能会侵害到那些妨碍自己的人。

（二）童年影响

（1）有着较强的自尊心，期望从正能量的父母那里获得称赞和关注。

（2）你能够作出的贡献决定了你的价值。

（3）从小能得到夸奖，是因为他们的所作所为和所取得的成绩，而不是他们自己本身。

（三）3号童年内心的声音

要有成功的表现，才会得到父母的爱，犯错和失败会让自己很难堪，一切就会变得很糟糕。

（1）主要动力：被重视。

（2）次要动力：

①提升自我。

②让自己出类拔萃并获得赏识。

（3）害怕：失败可能导致被拒绝。

（4）优点：恰如其分的自我爱护。

（5）缺点：自欺欺人。

（6）有效的领导力：

①他们会接近6号最好的特质，给予他人承诺。

②为了获得成果，让竞争变为合作。

（7）无效的领导力：

①他们会接近9号最糟糕的特质，不顾及自己的情绪。

②失去自我，并止步不前。

（8）实现的主要力量：挖掘自我，从而成为人人效仿的模范。

（四）3号的信仰

通过努力而有所作为。

（五）自我评论

（1）我们的队伍就是我们个人形象的反映，所以我们要让队伍看起来像样。

（2）不允许失败。

（3）一个宏大目标需要以出色的结尾来完成。

（4）不要做过多的铺垫了，直入主题吧。

（5）侃侃而谈的说服者。

（6）开始时就对结果了然于胸了。

（7）我要干得比你多。

（8）"该死的，振作起来。"

（9）批评放在私下里，表扬应该公之于众。

（10）不仅要追求实际效果，还要注意外观和形象。

（11）生产力才是关键，不要发牢骚，不要兜圈子，要说什么就直说吧。

（12）我们并没有表面上看起来的那样自信。

（13）变得有战略性也意味着操纵。

（14）赞美和赏识我们，是我们无论如何都不会拒绝的。

（六）领导力发展模式

（1）在人际关系中培养合作和慷慨。

（2）将我们竞争的天性成功运用到团队和组织中去。

（3）正直地工作，保守秘密，抵制住想要以此来谋取优势的欲望。

（4）支持并鼓励他人努力工作、有所建树，他们有可能和我一样那么努力。

（5）运用我们的驱动精神和组织技能来挖掘他人的能力。

（6）不要贪图自己出风头，而是要把别人放在聚光灯下，为他人散发的光和热而感到快乐。

（7）形成一种能够反哺的社会道德。

（七）3号领导力的优势和劣势

1. 3号领导力的优势

（1）讲究效率。

（2）充满激情。

（3）给人以积极阳光、充满正能量的感觉。

（4）时刻保持高昂的斗志。

（5）不放弃、不妥协、不退缩。

2. 3号领导力的劣势

（1）易走"捷径"。

（2）忽略身边亲人的感受。

（3）典型的工作狂。

（4）认为身边只有两种人：一种是聪明的人，另一种是愚蠢的人。

（5）为了既定的目标，要求高负荷工作，包括他人和自己。

（6）希望成为绝对的领导者，有时表现得过于严苛，固执己见。

（7）回避失败。

（8）回避负面情绪或关于自己团队的负面新闻。

（9）把所有的人情世故都变成一种工作或任务，有时显得缺少人情味。

✎ 请列举你关于领导力的问题或事例。

三、4号性格——个人主义者/艺术家

(一) 4号的基本特征

> 4号是一类个人主义、情绪敏感、自我表达型的人。他们能够通过某种他人可以理解的方式来分享自己的感情。然而,他们可能变得太在意自己的负面情绪和形象,而导致自尊心受创。

1.顺境时的表现

极富创造力、善于自省和自我更新。

2.健康状态下的表现

(1)内省自察,找寻自我。

(2)对他人敏感,富有直觉,情感坦诚,具有讽刺意味的生命观。

3.一般状态下的表现

(1)向往充满浪漫色彩的生活,通过创造力来间接地表达自己。

(2)感性会胜过理性,对自己会缺乏信心。

(3)总是会奢望那些不属于自己的东西。

4.不健康状态下的表现

(1)情感上自我封闭,甚至变得忧郁,感到自己格格不入。

（2）在逆境中，会陷入无助的状态。

（二）童年影响

因为在童年时期体会到的被遗弃感，又或许是父母对自己的误解，从而学会了独立地去塑造自己独有的个性特征。

（三）4号童年内心的声音

要和别人不一样，才会得到关注和赞许。

（1）主要动力：实现自我。

（2）次要动力：

①表达自我。

②创造出美好与独特的事物。

（3）害怕：任何的缺失与不完整。

（4）优点：情感的领悟力和平衡力。

（5）缺点：妒忌——认为自己始终缺失了某些东西（而他人恰好都拥有）。

（6）有效的领导力：

①他们会接近1号最好的特质，遵循实用主义的原则行事，而非主观情感。

②养成自律的工作态度，找到自己的定位。

（7）无效的领导力：他们会接近2号最糟糕的特质，因为未曾实现自我而绝望，因而让自己变得可悲，并沦落到需要他人垂怜的地步。

（8）实现的主要力量：释怀过去，随着阅历的增长而不断完善自我，同时也与他人分享自身天才的创造力。

（四）4号的信仰

想象力比知识更为重要。

（五）自我评论

（1）关注到他人所忽略的。

（2）寻求别人的意见、高度的信任和理解。

（3）有时会情绪化地傲慢起来。

（4）识人善用。

（5）通过不同的思维组织方式来解决难题。

（6）识别出缺失的部分。

（7）懂得我和他人之间"超自然的"联系。

（8）激励有特质的同伴，因为"你们都是我的左右手"。

（9）不要指望我们融入，请允许我们保持自己的步调。

（10）帮助他人走出束缚，实现自我。

（11）实现自我的存在价值。

（12）无论如何，我才是一切的中心。

（六）领导力发展模式

（1）不要太执着于我们自身的情绪，因为它们对我们并没有益处，消极的情感并不会抑制我们内心善良的德行。

（2）避免一直拿没心情做借口不干活，有产出的工作能让我们把心中所想付诸实践。

（3）投入对自己有益的工作中去，无论我们心中是不是觉得已经准备好了，都要勇往直前。

（4）健康自律的生活方式和我们追求的自由与个性是不冲突的。

（5）避免陷入冗长的幻想，尤其是消极和过分浪漫化的。

（6）同那些我们所信任的人交谈，从他们口中发现我们真实的样子。

（7）找寻能切实服务于组织的方法，试着少一些以自我为中心。

（8）让我们的创造性思维发挥作用，使我们的工作变得更具创意。

（9）不要因为他人不理解自己而陷入自怨自艾的境地，参与进来，树立切实可行的目标。

（七）4号领导力的优势和劣势

1. 4号领导力的优势

（1）同理心。

（2）灵感、创意的源泉，很多点子都出自4号。

（3）思想深邃的哲学家。

（4）悲伤者的心理顾问。

2. 4号领导力的劣势

（1）抗拒与世俗的关系。

（2）不容易合群。

（3）与团队忽近忽远。

（4）容易掉入自己的感情世界。

（5）我行我素，毫不顾及他人的感受。

✎ 请列举你关于领导力的问题或事例。

第三节 "脑"中心人格密码

一、5号性格——思想家/观察者

（一）5号的基本特征

> 5号的警戒心强，具有好奇心，也是原始的学习者。他们想要了解周围的一切。一旦他们对身处的环境有了不安全感，便会认为有必要在他们作出任何决定前，先彻底把情况了解清楚。因此，他们往往善于策划而疏于行动。

1. 顺境时的表现

在顺境时，他们表现出强烈的学习欲望和积极主动的态度，渴望通过不断学习和探索来扩展自己的知识和理解，对未知的事物充满好奇心。

2. 健康状态下的表现

（1）有卓越的见解和眼光。

（2）有好奇心及敏锐的信息搜索能力。

3. 一般状态下的表现

（1）具有专业性和分析能力，能够理性地剖析事物。

（2）在思考问题时，能将自己与自己生活中的事件和情感隔离。

（3）执着于不让自己为情绪所左右。

4. 不健康状态下的表现

（1）拒绝任何社会性的依附，变得孤立和反常。

（2）逆反，甚至惧怕他人侵入自己的空间。

（二）童年影响

在与父母的相处中感到不确定和多变，于是他们学着用更多的知识来获得安全感。

（三）5号童年内心的声音

要有学识，才能得到父母的赞许。

（1）主要动力：了解世界。

（2）次要动力：

①知晓天下事。

②以某种统一的想法来解释所有的事。

（3）害怕：被胁迫或者强制做某事。

（4）优点：对于多种思想的理解，而使得其具有悲悯之心。

（5）缺点：贪婪——对于知识信息的渴求。因为他们的安全感仅来自对事物的充分认知。

（6）有效的领导力：他们会接近8号最好的特质，清楚认知自己的控制权，能够处理好现实中的人事问题。

（7）无效的领导力：他们会接近7号最糟糕的特质，自我孤立，变得冲动，行事不计后果。

（8）实现的主要力量：以不带批判、不带期许的态度来审视自己和他人。

（四）5号的信仰

让我们来看看数据。

（五）自我评论

（1）重视他人的意见，但最为看重的仍可能是自己的想法。

（2）需要综合全局来考虑问题。

（3）以提供行动纲领的方式来实行分权。

（4）唤起好奇心。

（5）我们需要洞悉世事，对所有事物都要有全面的了解。

（6）真相是我们的保护伞。

（7）决策是需要经得起检验的。

（8）想要以简练的方法解决问题。

（9）喜欢远程遥控式的领导。

（10）我们只对确凿的事实做出应对。

（11）我们懂得享受作为局外人的好处。

（12）不要来打扰我们。

（13）我们只看数据说话。

（六）领导力发展模式

（1）观察多于分析，就能够避免出现曲解。

（2）听取我们所信之人的意见，要相信人外有人，天外有天。

（3）通过健康的放松方式来调节我们与生俱来的紧张情绪。

（4）不要放任自己去怀疑他人，从而导致自我实现的预言，要多参与其中，不要孤立在外。

（5）偶尔让贤，并不意味着你在学识上被他人超越或是处于弱势。

（6）我的出色可能会威慑到他人，所以一定记得要在社交中保持该有的礼节。

（7）意识到我们在智力上对他人的睥睨，就要对他人的意见持开放的态度，甚至还要去将他们的想法挖掘出来。

（8）我们可以通过培养对他人的悲悯之心来柔化我们的棱角，用脑待人的同时更要用心待人。

（七）5号领导力的优势和劣势

1. 5号领导力的优势

（1）在某些领域具备天生的优越感，通常是某个领域的专家。

（2）独立性强、自我管理能力强。

（3）一旦明确自己喜欢的领域，就全神贯注，不为琐事浪费时间和精力。

（4）他们获得满足的方面并不是物质和财富，而是在某个领域绝对权威。相反，即便是非常富有，却还会保持俭朴的生活状态。

（5）理性分析，擅长用数据来说话。

2.5号领导力的劣势

（1）不擅长营造团队氛围。

（2）过于与世隔绝、封闭自己。

（3）避免与社会产生联系，不干涉、不参与、不涉及。

（4）他人的积极常常让其感到被侵犯，产生压力。

（5）不擅长利用团队成员的优势资源。

（6）避免人与人之间的竞争。

✎ 请列举你关于领导力的问题或事例。

二、6号性格——忠诚者/传统者/怀疑者（找碴儿者/挑刺者）

（一）6号的基本特征

> 6号是忠诚而又坚定的，并且忠于他们所认定的人或是意见。然而，当他们感到不安时，他们会从某种具有权威性的人（信任的人）那里寻求安慰。

1. 顺境时的表现

自我肯定，独立，建立在平等基础上的互助。

2. 健康状态下的表现

（1）尽忠职守，信任他人以建立长久的关系。

（2）因为具有某种归属感，所以造就了他们的协作性和可靠性。

3. 一般状态下的表现

（1）害怕自己做决定并为此承担后果。

（2）认同并忠实于权威形象或典范。

（3）传统主义者，有使命感，但是属于被权威者主导的类型。

4. 不健康状态下的表现

（1）变得不安，极度地依赖别人，以及自我否定。

（2）焦虑和不理性的应对方式会让他们的恐惧化为现实。

（二）童年影响

积极寻求一个领袖的形象，他们需要向一个权威的形象看齐才会获得安全感和认同感，并想通过服从来换取回报。

（三）6号童年内心的声音

要得到父母（权威）的认可，才会有安全感。

（1）主要动力：寻求安全感。

（2）次要动力：

①渴望被爱、被认同。

②宣称要克服自己的恐惧。

（3）害怕：被抛弃、被孤立。

（4）优点：勇气——抵挡焦虑与恐惧，彰显出真正的自我。

（5）缺点：畏惧自力更生，自信心不强，企图依赖他人的照顾。

（6）有效的领导力：他们会接近9号最好的特质，情绪稳定，信任他人，变得很具协作性，彰显出成熟度。

（7）无效的领导力：他们会接近3号最糟糕的特质，随着焦虑感的上升他们会感到自卑，会去报复那些伤害过自己的人。

（8）实现的主要力量：对自己有信心，相信生命中有美好的存在。

（四）6号的信仰

我质疑你的假设。

（五）自我评论

（1）确保事情行进正确，才不会出错。

（2）通过试探来建立与他人之间的信任。

（3）在我们承担风险之前，我们先要取得权威者的支持。

（4）以集体审批的方式实现管理。

（5）我们能从混乱中找到头绪。

（6）过度放大责任感。

（7）如果不想陷入困境，就一定要准备应急方案。

（8）履行义务。

（9）善于发现隐含的动机。

（10）不能将我们管得太"死"。

（六）领导力发展模式

（1）利用我们本身存在的焦虑感，使之转化为能让我们产出的动力。

（2）当我们给自己招致麻烦的时候，忍住想要埋怨和责怪他人的冲动。

（3）找到那些让我们产生过激反应的事物。我们需意识到，自己的恐惧是永远不会物化的，除非我们自己把焦虑转换成现实。

（4）通过发展和他人之间开放的关系来增进彼此的信任感。

（5）比起我们对自己的评价，我们要相信别人对我们更高的评价。

（6）即使冒着被批评和拒绝的风险，也要直截了当地表达自己的想法，并时刻管理好自己的情绪。

（7）要专注于加强自我肯定，培养对自己切实的信任和理性推理能力。

（8）不要崇拜权威或是不敢与之反抗，找到合理的方式再重新做回我们自己。

（七）6号领导力的优势和劣势

1. 6号领导力的优势

（1）尊重社会规则。
（2）对团队绝对忠诚，同样也认可下属的忠诚。
（3）为有价值的冒险而勇于挑战权威。
（4）洞察团队中的心理反应。
（5）关心和支持弱势者。

2. 6号领导力的劣势

（1）推延行动，用思想代替行动。
（2）工作无法善始善终。
（3）疑心较重。
（4）无法应对突发性的事件。
（5）对于现场需要作出决策的工作任务难以胜任。

✏ **请列举你关于领导力的问题或事例。**

三、7号性格——活跃者/享乐主义者/通才者

（一）7号的基本特征

> 7号热情洋溢，是典型的能在各个领域中取得成就的人。他们乐于探索世界，寻求新的经历和感官体验。有时，他们会对全新的体验有种近乎贪婪的渴求，对于一切事物他们都想要在第一时间去尝试。

1. 顺境时的表现

（1）积累更深层的经验，进而慢慢懂得欣赏生命的神奇。

（2）积极乐观，包容，对自己拥有的一切怀有感恩之情。

2. 健康状态下的表现

（1）一提及自身的经历就充满了激情。

（2）对世界以感官体验为导向。

（3）自然本真，适应性强，朝气蓬勃且才华横溢。

3. 一般状态下的表现

不会过度自我否定，不能对自己说"不"。

4.不健康状态下的表现

（1）需要有更多的事可做，让自己忙碌起来，好分散自己的注意力。

（2）他们可能会由着自己的性子而对某事物成瘾或者逃避现实。

（二）童年影响

回忆童年时父母的形象，这个形象可能是现实中的，也可能是想象中的，因此他们学会了想方设法地尽量不让自己陷入无助。

（三）7号童年内心的声音

我要给大人带来快乐，才会得到他们的爱。

（1）主要动力：寻求快乐与满足。

（2）次要动力：

①享受人生。

②获得自己想要的。

③永远处于不停歇的状态。

（3）害怕：被掠夺感，无聊感，承受痛苦。

（4）优点：感恩——对生活充满了惊奇，他们会感恩所有的福佑。

（5）缺点：贪婪——他们越用物质去填补自我，反而会越发沉沦其中。

（6）有效的领导力：他们会接近5号最好的特质，能更广泛更深入地认知事物，不再仅是向周遭索取，而更会为之作出贡献。

（7）无效的领导力：他们会接近1号最糟糕的特质，变得失控，着魔似的沉迷于那些让他们觉得开心的事。

（8）实现的主要力量：乐天知命，乐于分享他人的喜悦。

（四）7号的信仰

谁的筹码多，谁才是赢家。

（五）自我评论

（1）在痛苦的初期还是可以忍受的。

（2）我们专注力差，所以请尽量简洁点。

（3）我们有一种喜欢闪闪发亮的东西的癖好。

（4）我们容易同那些快乐的人产生共鸣。

（5）我们追求与大众相对的与众不同。

（6）我们被赋予了混乱的天赋，是典型的一心多用者。

（7）我们对工作中不满意的部分会产生逆反心理。

（8）我们想做最好玩的事，所以把轻重缓急告诉我们。

（9）不想错过任何一件事。

（10）不要破坏气氛。

（11）我们擅长从看似不相关或者矛盾的观点中，找到不寻常的联系和独特又有趣的观点。

（六）领导力发展模式

（1）观察诸多可能性后，再思考究竟哪一个值得我们付诸实践。

（2）学习去适应没有那么多激励的环境，多听取他人的意见，也学会享受独处的滋味。

（3）绝大多数的机遇都会以某种形式再次找上门来，要学会不要着急着太早就感到满意而做出决定，而是要等到我们到达一个有利位置，当我们处在这个位置上，我们能够辨别哪个机会才对我们最有利时，再做出决定。

（4）经验的质量要远重于经验的数量。通过积累高质量的经验，我们最终会更有收获。

（5）不要将追求开心作为首要目的，别忘了快乐本是来自尽力去做那些值得做的事情。

（6）适时收敛下你的聪明才智，不要让它伤害到他人。

（7）多去给予而不是索取，你对组织的贡献就会显得更突出，也会更让他人觉得满意。

（8）去感恩并享受当下。

（七）7号领导力的优势和劣势

1. 7号领导力的优势

（1）能量充沛，保持高度的兴奋性。

（2）能说会道，魅力十足，具有与生俱来的"万人迷"式的吸引力。

（3）对创造性的工作始终保持着超出常人的热情，愿意尝试新的理念、新的领域。

（4）擅长在团队处于低谷状态时，调动周围人的积极情绪。

（5）在7号心中永远装满了对未来的美好憧憬和宏伟蓝图，而那些充满激情与美好向往的积极品质，正是实现蓝图的重要因素。

2. 7号领导力的劣势

（1）缺乏对工作的计划性以及稳步发展的考虑。
（2）对刻板、不断重复的工作环境极其不适应。
（3）幻想美好的计划，却因不愿面对现实枯燥的工作而流失了。
（4）无法长时间专注于某项活动。
（5）不擅长发号施令，管理上缺乏原则性和必要的严格态度。

🖊 **请列举你关于领导力的问题或事例。**

第四章

九型人格：团队管理的解决方案

第一节　九型人格在团队管理中的解决之道

在当今这个快速变化的商业环境中，现代企业管理理念不断演进，人才竞争越发激烈。这种背景下，企业越来越重视团队成员之间的个性差异，寻求有效的管理和激励方式来应对不同类型的员工需求。九型人格理论是一种深刻揭示人的内在需求和行为动机的工具，其在团队管理中的应用逐渐受到广泛关注。

九型人格理论的应用领域非常广泛，涵盖了个人成长、人际关系、企业管理、市场营销等多个方面。它帮助人们更深入地理解自己和他人，促进沟通和团队合作，提高个人的自我意识和自我接纳能力，以及建立和谐的社会关系。随着全球 500 强企业的管理层开始研究和运用九型人格理论，这一理论在商业和心理学领域的重要性日益凸显。接下来，我们将详细探讨九型人格在团队管理中的几个具体应用实例。

一、促进团队成员间的理解和沟通

在当今多元化的工作环境中，促进团队成员之间的理解和沟通是提升团队效率和协作精神的关键。九型人格理论作为一种心理学工具，为我们提供了一种识别和理解个体差异的有效方式。这一理论通过分析个体的核心动机、行为模式以及他们如何与世界互动，为团队成员提供了一个框架，帮助他们认识到彼此之间存在的多样性。

在一个团队中，每个成员都有自己独特的性格和工作风格。九型人格理论能够帮助团队成员识别出这些差异，并帮助他们学会如何利用这些信息来改善相互间的沟通。当团队成员能够理解自己所属的性格类型，并且能够识别出其他成员的性格类型时，他们就能更好地预测和理解他人的行为反应，从而减少误解和潜在的冲突。

在任何需要紧密协作的团队中，对团队成员的深入了解都是至关重要的。高效的团队协作不仅仅是建立在技能和知识的基础上，更重要的是建立在相互了解的基础之上。通过九型人格理论，团队成员可以更加深入地了解彼此的优点、弱点、工作偏好和潜在挑战，这种深入的了解有助于创造一个更加和谐、更具包容性的工作环境。

有效的沟通是团队合作的基石。当团队成员能够认识到自己的性格类型，并且尊重和接纳其他成员的性格类型时，他们就能够更加开放地交流想法和意见，更加积极地参与团队的决策过程中。这种相互尊重和理解的文化，有助于建立一个更加团结的团队，增强团队的合作精神，从而提高整个团队的绩效。

九型人格理论不仅帮助团队成员增进彼此的理解，还促进了有效沟通，这对于任何希望提升团队协作水平和效率的组织来说都是极其宝贵的。通过这种方式，团队成员可以更好地利用各自的长处，共同克服挑战，实现团队目标。

二、优化团队组成和任务分配

在当今竞争激烈的工作环境中，优化团队组成和任务分配是确保项目成功的关键因素。一个有效的方法就是深入了解团队成员的性格类型，这对于管理者在组建团队时进行更为精准的人员配置至关重要。

性格类型对于个人的工作风格和偏好有着深远的影响。例如，那些具有战略眼光的理智型员工往往擅长于大局思考，能够为团队提供宏观的指导和方向。他们通常能够在复杂的问题中找到核心点，制订出长远的计划和策略。然而，如果团队中只有这种类型的员工，可能会忽视实施过程中的细节问题。

注重细节的完美型员工则是执行力的强大保障。他们对工作中的每一个细节都追求尽善尽美，能够在执行阶段确保项目的高质量完成。这种对细节的关注有助于避免错误和疏漏，提高工作的准确性。

因此，当管理者在组建团队时，将这两种性格类型的员工相结合，可以有效地在项目规划和执行中实现平衡。理智型员工的宏观规划与完美型员工的精细执行相辅相成，共同推动项目的顺利进行。

科学的人岗适配、人员组合和任务分配不仅能够提高工作效率，还能促进团队成员之间的协作和沟通。当每个成员都能在其擅长和偏好的领域发挥最大的潜力时，团队整体的工作氛围和动力都会得到显著提升。这样的团队更有可能在工作中取得突破，创造出令人满意的成果。

通过了解团队成员的性格类型，并将其作为优化团队组成和任务分配的重要参考，管理者可以构建出一个高效、和谐且富有成效的团队，从而在激烈的市场竞争中占据有利地位。

三、定制个性化激励与发展策略

在现代职场管理中，认识员工的个性差异对于提高工作效率和促进团队和谐至关重要。基于心理学的研究，我们知道不同的人格类型会对不同的激励方法产生不同的反应。因此，管理者可以采取更为精细化的管理策略，通过深入了解每位员工的性格特点，设计出符合他们个性化需求的激励计划。

例如，对于那些充满活力、喜欢探索新事物的员工，管理者可以为他们创造一个充满创新的工作环境，鼓励他们提出新想法、尝试新方法。这样的环境不仅能够满足他们的好奇心和创造力，还能够激发他们的工作热情，进而提高工作效率。

对于那些具有领导潜质的员工，管理者则可以提供领导力培训和发展的机会，让他们在实际工作中承担更多的领导责任。这不仅能够锻炼他们的领导能力，还能够增强他们对组织的归属感和忠诚度。

此外，团队成员通过九型人格分析等工具，可以更加深入地洞察自己的性格特质，识别自己的优势所在，同时也能够清晰地看到自己需要改进的地方。这种自我认识的过程，对于个人的职业成长极为重要，它能够帮助员工制订出更有针对性的发展计划，从而在职业生涯的道路上走得更远，实现自我价值的最大化。

通过实施个性化的激励和发展计划，不仅能够提升员工的工作满意度和忠诚度，还能够促进团队成员的自我认识和自我成长，为组织带来更长远的利益。

四、解决团队成员间的人际冲突

在现代组织管理的复杂环境中，团队冲突成了一个无法避免的问题。这些冲突可能源于多种因素，如工作方法的差异、价值观的不一致或是沟通方式的问题。为了维护团队的稳定和提升工作效率，解决这些内部矛盾显得尤为重要。

九型人格理论为管理者提供了一种有效的工具，以便他们能够更深入地理解团队成员之间的冲突。这一理论将人格分为九种基本类型，每种类型都有其独特的特点和行为模式。当团队内部出现矛盾时，管理者可以运用这一理论来分析涉及冲突的各方的性格类型。通过这种分析，管理者不仅能够识别出冲突的潜在原因，还能够了解各方在冲突中的可能动机和反应方式。

了解了冲突双方或多方的性格类型后，管理者可以根据每个人的特点采取相应的调解策略。例如，对于注重细节和规则的成员，管理者可能需要提供更多的事实和逻辑来支持决策；而对于注重人际关系和团队合作的成员，则可能需要强调冲突解决对团队整体和谐的重要性。这样的针对性策略有助于化解冲突，促进团队成员之间的理解和合作。

我们同时也能看到，九型人格理论还能够帮助管理者在调解过程中避免误解和进一步的矛盾。通过认识到每个人的独特性格和行为模式，管理者可以更加耐心和有同理心地处理冲突，从而有效地化解矛盾，恢复团队的和谐与协作。

九型人格理论为管理者提供了一种深入了解和解决团队冲突的有效方法。通过这一理论，管理者可以更加精准地识别冲突的根源，采取针对性的调解策略，从而维护团队的稳定，促进团队的健康发展。这一理论的应用不仅有助于解决现有的冲突，还有助于预防潜在的冲突，为团队的长期和谐发展与成功奠定基础。

五、提升领导力和团队凝聚力

了解九型人格不仅有助于优化团队运作，还能够提升领导者的领导能力。通过了解自己和团队成员的性格类型，领导者可以调整自己的领导风格，以更好地激发团队潜力，建立坚实的信任基础，从而提升团队凝聚力。

在当今竞争激烈的商业环境中，一个优秀的领导者需要具备卓越的领导力和团队凝聚力。九型人格理论为领导者提供了一种有效的工具，帮助他们更好地理解自己和团队成员的性格特点，从而优化团队运作。

对于团队领导者来说，了解自己的性格类型可以帮助其认识到自己的优点和不足。这样，他们可以根据自己性格的特点来调整领导风格，以便更好地与团队成员沟通和合作。例如，一个领导者是和平型性格，他可以通过提高自己的决策能力和果断性来弥补自身的不足，从而提高自己的领导力。而了解团队成员的性格类型可以帮助领导者更好地分配任务和资源。根据每个成员的性格特点，领导者可以将任务分配给最适合的人，从而提高工作效率和团队凝聚力。同时，这也有助于领导者发现团队成员的潜在能力，为他们提供更多的发展机会。

通过运用九型人格理论，领导者可以更深入地了解自己和团队成员的内在驱动力、价值观和行为模式。这将有助于领导者更好地理解团队成员的需求和动机，从而采取更有效的激励措施，激发团队成员的积极性和创造力。同时，九型人格理论还可以帮助领导者识别和解决团队中的冲突。当领导者了解了团队成员的性格类型时，他们可以更好地预测和理解不同性格之间的潜在冲突，并采取适当的措施来解决这些问题，从而维护团队的和谐与稳定。此外，九型人格理论还有助于建立坚实的信任基础。他们可以更好地理解彼此的需求和期望，从而建立更加真诚的沟通和合作关系。这种信任关系将有助于团队成员在面对困难和挑战时，更加团结一致，共同应对。

六、职业发展培训的坚实基础

九型人格理论的运用可以被视为一种高效的工具。企业可以充分挖掘这一理论的潜力，精心策划并组织一系列专业的培训工作坊。这些工作坊的核心目标在于引导员工深入探索和理解自己以及同事的行为模式，从而在团队中实现更高效的沟通和协作。

这些基于九型人格的培训工作坊，不仅仅是一次简单的自我发现之旅，它们更是在更广泛的层面上推动员工的个人成长和职业发展的重要途径。通过参与这些工作坊，员工将有机会深入学习如何更好地管理自己的情绪，如何在压力下保持冷静，以及如何在多元化的工作环境中展现出最佳的自己。此外，这些培训工作坊还有助于培养员工的跨部门合作能力。员工将学会如何与不同性格类型的同事有效沟通和协作，这不仅能够减少工作中的误解和冲突，还能够增强组织的整体实力，使企业在竞争激烈的市场中更具凝聚力和竞争力。

对于企业管理者而言，这种培训也同样具有极高的价值。他们可以根据员工的性格特点，设计出个性化的激励措施和发展计划，这样不仅可以更好地满足员工的个性需求，还可以激发他们的工作热情和创造力，从而提高整个团队的工作效率和创新能力。通过组织九型人格相关的培训和活动，企业可以构建一个更加和谐、高效的工作环境，为员工提供一个持续学习和成长的平台，最终推动企业的持续发展和成功。这不仅是对企业的投资，更是对员工个人发展的投资，是企业实现长期成功的关键环节。

第二节　九型人格为管理者打开一扇新视窗

九型人格理论的现实应用为管理者打开了一扇新视窗，使他们能够从一个全新的角度去观察和理解团队成员。这种理解不仅限于表面的行为模式，更重要的是深入个体的心理动机和情感需求中。通过这种深刻的洞察力，管理者能够更有效地调动团队成员的积极性，优化团队结构，解决冲突，最终实现团队的高效运转和持续进步。九型人格理论已经成为现代团队管理的一个不可或缺的组成部分，它的普及和应用证明了它在提升个人和团队表现方面的显著效果，是当代组织和个人发展的重要资源。

九型人格理论作为一项深刻洞察人类性格特质的心理学工具，其价值和影响力不容小觑。这一理论不仅为个人提供了一面镜子，让他们能够更深入地认识自己、促进自我成长和提升，而且它还在构建和维护团队以及社会和谐方面发挥着重要作用。九型人格理论的核心在于它为团队管理提供了一个独到而有效的途径。通过深入了解每个人的性格类型，包括他们的基本欲望、恐惧、优势和潜在的挑战，管理者能够更加精准地识别和满足团队成员的内在需求，从而激发他们的潜力，引导他们的行为，以实现团队目标。

在全球化的商业环境中，九型人格理论的应用已经远远超出了心理学的范畴，成为世界500强企业广泛采用的管理工具。这些企业将九型人格理论融入日常管理和团队建设中，不仅提高了团队的凝聚力和协作效率，还提高了组织的竞争力和市场适应能力。我们欣喜地发现，九型人格理论为领导者提供了一种宝贵的工具，帮助他们提升领导力和团队凝聚力。在激烈的商业竞争中，这种领导力和团队凝聚力将成为企业成功的关键因素。

第五章

九型人格：人际关系有效沟通工具

九型人格理论是一种深受人们欢迎的个性分类体系，它将人格分为九种基本类型，每种类型都有其独特的特点、动机和行为模式。这些类型不仅有助于个人的自我认识和发展，还能在人际关系中发挥重要作用，帮助人们更好地理解他人，促进和谐的人际互动。

第一节 与"腹"中心人格者的沟通之道

一、8号领袖型

领袖型个性的人具有自信和果断的性格特征。这类人通常在社交场合中展现出强烈的领导才能，他们的自信和决策力是他们的核心特质。在团队合作的环境中，领袖型的人往往能够凭借他们的领导天赋和出色的决策能力，引领团队渡过难关，实现目标。他们的存在对于团队来说是一种宝贵的资产，因为他们能够迅速做出决策，并有效地指挥团队成员去执行任务，这样的行动力往往能够显著地提升团队的工作效率。

然而，领袖型的人也需要注意平衡自己的领导风格，以免过度强势。如果他们在领导过程中过于专断或者不够包容，可能会导致团队成员感到自己被忽视，从而影响团队的整体参与度和士气。例如，一个具有领袖型特质的经理，在面对紧急情况或需要快速反应的时候，可能会迅速制订计划并要求团队立即执行。这种迅速的反应确实可以在关键时刻节省时间，提高工作效率。但是，如果这位经理总是不征求其他团队成员的意见，或者不给他人足够的空间来表达自己的想法和创意，那么其他成员可能会感到自己的贡献不被重视，甚至感到自己在团队中的地位受到了威胁。这种感觉可能会导致团队成员的积极参与度下降，甚至可能引发团队内部的不满和冲突。

因此，领袖型的人在发挥自己的领导力和决策能力的同时，也需要学会倾听和包容，确保团队成员感受到自己是团队不可或缺的一部分，从而维护团队的和谐与团结。通过这种方式，领袖型的人不仅能够保持团队的高效运作，还能够激发团队成员的潜力，共同推动团队向着更加辉煌的目标前进。

二、9号和平型

和平型人格的人的特质体现了一种深刻地追求和谐与平衡的愿望。这类人通常在他们的言行举止中展现出一种温和、稳定的气质，他们倾向于在人际交往中采取缓和的策略，以避免不必要的摩擦和冲突。他们的调解能力与平和的态度往往能够有效地帮助周围的人放松紧张的情绪，为解决分歧提供了一个更加友好和建设性的环境。

在团队合作的环境中，和平型的人往往是那个在争议和冲突中站出来，尝试平息风波的关键角色。他们倾听各方意见，努力寻找共同点，推动团队成员之间的理解和尊重。这种能力使得他们成为团队中不可或缺的调和剂，有助于维护团队的凝聚力和稳定性。

然而，和平型的人在处理冲突时也可能面临一些挑战。他们有时为避免过分直接面对问题，可能会选择绕道而行，而不是直面可能引起不适或紧张的对话。这种回避策略，虽然短期内避免了表面的争执，但可能导致问题被搁置，没有得到充分的讨论和解决。长远来看，这种做法可能会导致问题的积累，甚至在某些情况下，导致问题的恶化。

例如，一个和平型的团队成员在面对团队内部的分歧时，可能会试图通过妥协或者转移话题的方式来减少冲突。他可能会扮演调解者的角色，试图让每个人都感到满意，但在这样做的过程中，有时会忽略了深入探讨问题的根源。这种避免直接对话的倾向，会使得一些关键问题没有得到根本的解决，从而影响团队的长期发展和成员之间的信任。

因此，和平型的人在追求和谐的同时，也需要意识到直面冲突的重要性。他们可以学习如何在保持平和态度的同时，也敢于直面问题，促进问题的根本解决，从而促进个人和团队的健康成长。

三、1号完美型

完美型个性的人是那些对追求无懈可击的成果充满热情的个体。他们对细节的关注程度往往超出了常规，这种特质在他们的工作和生活中表现得淋漓尽致。在与他人的互动和合作中，完美型的人往往扮演着推动者的角色，他们鼓励并期待团队能够达到更高的成就，不断地设定并且努力实现更高的标准。

然而，这种对完美的不懈追求有时候会成为一把"双刃剑"。在团队合作的环境中，完美型的个体可能会不自觉地将他们对事物精确度的要求强加给其他成员。这种高标准有时会使团队成员感到压力重重，尤其是当这些要求超出了他人的舒适区或者能力范围时。

以一个完美型的项目经理为例，他或她可能会对项目的每一个细节都持有极高的期望。他或她可能会不断地要求团队成员对工作成果进行反复检查和完善，以确保每一个环节都无可挑剔，每一项任务都达到了预定的高标准。这种对完美的执着可能会导致团队成员需要投入更多的时间和精力去满足这些要求，有时甚至需要在严格的时间内重新完成某些任务，这无疑增加了团队的工作负担。

尽管完美型个性的人可能会给团队带来额外的压力，但他们的专注和对卓越的追求也是推动团队向更高水平发展的重要动力。关键在于找到平衡点，既要欣赏完美型个性带来的高标准和对细节的关注，同时也要确保这种追求不会过度影响到团队的士气和效率。通过有效的沟通和管理，完美型的个体可以成为团队中不可或缺的力量，帮助团队实现卓越成就。

第二节　与"心"中心人格者的沟通之道

一、2号助人型

助人型人格的特质是一种以乐于助人和富有同情心为显著特征的性格倾向。这类人在日常生活中，总是愿意伸出援手，帮助那些处于困境或需要帮助的人。他们的同情心使他们能够感同身受地理解他人的感受和需求，因此在人际关系中，他们往往是那个提供支持和鼓励的角色，成为他人在困难时刻的坚强后盾。

具有助人型人格的人在社交圈中通常受到欢迎和尊重,因为他们的存在往往能给周围的人带来安慰和正能量。他们的行为常常是出于无私的动机,希望为他人带来福祉和改善生活条件。这种性格的人在职业选择上,可能会倾向于那些能够直接帮助到他人的行业,如社会工作、医疗护理、教育等行业。

然而,助人型的人在不断给予的过程中,可能会忽略自己的需求和感受。他们习惯于将他人的需求置于自己之前,甚至在某些情况下,可能会牺牲自己的时间、精力甚至是个人生活。例如,一位具有助人型人格特质的社会工作者,可能会在工作中投入大量的时间和精力,去帮助那些面临各种社会问题的人们。他可能会长时间工作,甚至不顾个人的休息和健康状况,只为能够给予他人更多的帮助和支持。

这种过度的自我牺牲有时会导致助人型的个体感到疲惫和压力,因为他们在关心他人的同时,忽视了自我关怀和维护个人界限的重要性。因此,对于助人型的人来说,学会平衡自我与他人的需求,确保在帮助他人的同时,也照顾好自己,是他们需要面对和解决的一个重要课题。通过设定合理的界限,保持自我关怀,助人型的个体不仅能够更好地服务于他人,也能够维持自己的健康和幸福,实现个人与职业生活的和谐统一。

二、3号成就型

成就型个性的人以其目标导向和对成功的不懈追求而著称。这类人在他们的职业生涯和个人生活中设定了清晰的目标,并朝着这些目标努力前进。他们的动力源自实现目标的欲望，这种动力不仅驱使他们不断前进，而且在与他人的互动中，他们的决心和热忱往往能够传递给周围的人，激励他人也去追求卓越。

在职场环境中，成就型的人通常是那些工作狂人，他们的专注和决心往往使他们在工作中取得显著的成绩。例如，一个成就型的销售人员，他的目标可能是成为销售冠军或者打破公司的销售纪录。为了实现这一目标，他可能会投入大量的时间和精力，不断地寻找新客户，优化销售策略，甚至在必要时加班加点以确保销售目标的达成。

然而，成就型的人在追求个人目标的同时，可能会无意中忽视人际关系的重要性。在极端情况下，他们可能会因为过于专注自己的目标而忽略了与同事之间的沟通和协作。这种忽视可能会导致团队合作的机会丧失，甚至可能会影响到团队的整体氛围和效率。例如，一个成就型的销售人员过于专注个人的销售业绩，而忽视了与团队成员分享信息和资源，这可能会导致团队成员感到被排除在外，从而影响到团队的凝聚力和整体的销售成果。

因此，对于成就型的人来说，平衡目标追求和人际关系的维护是一项挑战。他们需要意识到，虽然个人的成就是重要的，但长期的职业生涯和人生成功也需要建立在健康性、支持性的关系基础之上。通过更加关注团队合作，以及在追求个人目标的同时不忘维护同事间的关系，成就型的人不仅能够实现个人的成功，还能够促进整个团队或组织的发展。

三、4号自我型

自我型个性特征的个体，通常展现出一种强烈的独立自主的倾向。

他们热衷于追求个性化和独特性，不愿随波逐流，不愿意被传统的社会规范束缚。这类人在生活和工作中，常常选择与众不同的道路，不满足于平凡和普通的生活，努力在各自的领域内寻找属于自己的声音和位置，以此来实现自我价值。

在人际交往的舞台上，自我型的个体由于其独特的视角和丰富的创造力，常常能够为他人带来耳目一新的感受。他们的思维方式往往不受传统框架的束缚，敢于尝试新的方法和思路，这种特质使得他们在团队中成为创新的源泉，为集体带来活力和灵感。

然而，正如硬币的两面，自我型个性的个体在强调独立性的同时，也可能在一定程度上与周围的人产生隔阂。他们对自我表达的坚持有时可能会被视为不合群或难以融入团队。例如，在一个需要团队合作的环境中，一个自我型的艺术家可能会因为过于强调个性化的表达而与团队的整体目标发生冲突。他可能会拒绝妥协或调整自己的创作以适应团队的需求，这种情况下，虽然他的创作可能具有高度的个人特色，但也可能因此与团队其他成员产生摩擦。

总的来说，自我型的个体以其独立性和创造性的特质，在社会中扮演着重要的角色。他们的存在不仅丰富了文化和艺术的多样性，也对传统的思维模式提出了挑战和突破。尽管在团队合作中可能会遇到一些挑战，但如果能够适当地平衡个人主义与集体主义，自我型的个体无疑能够为社会带来积极的贡献。他们的独特视角和创新能力，能够推动社会的进步和发展，为我们的世界带来更多的可能性和机遇。

第三节 与"脑"中心人格者的沟通之道

一、5号理智型

理智型个性特征通常与深思熟虑和分析能力紧密相关。这类人倾向于在决策过程中运用逻辑和理性，他们喜欢深入探究事物的本质，以及通过分析来理解复杂的问题和情况。在人际交往和关系建立方面，理智型的人往往能够凭借逻辑思维能力和客观分析能力，为解决冲突和问题提供有力的支持。他们的方法通常是基于事实和证据，而不是情感或直觉。这种偏向于逻辑和分析的性格特点，有时也可能带来一些挑战。在人际互动中，如果一个理智型的人过于依赖分析，可能会忽视情感交流的重要性，从而错过了与他人建立更深层次情感联系的机会。例如，在职场环境中，一个理智型的顾问可能会展现出卓越的能力，通过提供详尽的报告和深入的分析来帮助客户解决问题。他的建议可能非常专业、逻辑严谨，但在这个过程中，他可能会忽略客户的情感需求和期望。

这种过度依赖逻辑和分析的倾向还可能会导致理智型的人在处理人际关系时显得有些冷漠或者缺乏同情心。他们需要意识到，虽然逻辑分析是解决问题的有效工具，但在人际关系中，情感的理解和共鸣同样重要。为了建立和维护健康的人际关系，理智型的人需要学会平衡逻辑分析和情感交流，确保他们的行为不仅基于理性的判断，也能够考虑到他人的感受和情绪。

总之，理智型的人在思考和分析方面的能力是他们的优势，这在解决问题时非常有价值。然而，为了避免在人际关系中错失情感交流的机会，他们需要发展更多的情感智慧，学会在适当的时候放下分析，用心去感受和理解他人的情感需求。通过这种方式，理智型的人不仅能够保持他们的分析优势，还能够在人际交往中建立更加和谐全面的关系。

二、6号疑惑型

疑惑型人格的显著特点在于对事物本质的深入怀疑与不懈探究。这类人在人际关系中，常常展现出其独特的批判性思维，这种思维在挑战现状、促进成长与改进方面起到了积极的作用。然而，正如硬币的两面，过度的怀疑也可能对信任的建立构成障碍。

在团队环境中，疑惑型的成员往往是一个不可或缺的角色。他们习惯质疑决策的过程，这种质疑并非出于对立或破坏，而是出于对完美与合理性的不懈追求。通过他们的质疑，团队能够更全面地审视决策的各个层面，从而确保最终选择的正确性。这种质疑精神有助于避免盲目跟从和草率行事，为团队的稳健发展提供了有力的保障。

然而，疑惑型人格也有其局限性。过度的怀疑可能使他们在面对新信息或观点时持保留态度，甚至产生抵触情绪。这种态度如果持续存在，可能会影响到团队内部的信任氛围。毕竟，信任是团队协作的基石，而疑惑型成员过多的质疑可能会破坏这种信任，导致团队内部产生分裂和矛盾。

因此，对于疑惑型人格的个体而言，如何在保持批判性思维的同时，避免过度怀疑，是他们在人际关系中需要解决的重要课题。他们应该学会在适当的时候质疑，同时要学会接受和尊重他人的观点。只有这样，他们才能在保持独立思考的同时，与团队成员建立起深厚的信任关系，共同推动团队的发展。

总的来说，疑惑型人格在团队中既是一个宝贵的资产，也可能成为一个隐患。关键在于如何正确地理解和运用这种特质，使其发挥出最大的价值。

三、7号活跃型

活跃型人格，又称为冒险家性格，这类人以其乐观开朗的态度和对新鲜事物的渴望而著称。他们通常拥有一种难以抗拒的热情，这种热情不仅能够感染周围的人，还能够为人际交往注入一股清新的活力。这些个体对于生活充满了好奇心，总是愿意尝试前所未有的体验，不断寻求刺激和乐趣。

在与他人的互动中，活跃型的人格往往能够带来无限的欢乐。他们的冒险精神常常是聚会中的焦点，他们的故事和经历能够激发听者的想象，让人们感受生活中不曾有过的精彩。然而，这种随性而为的生活方式有时也会带来一些挑战。由于他们倾向于跟随直觉行事，而不是事先制订详细的计划，这可能会在某些情况下引起周围人的担忧。

以旅行为例，一个典型的活跃型旅行者可能会在旅途中突然决定改变行程，前往一个全新的目的地。这种出人意料的决定虽然可能充满了惊喜，但也可能会打乱原有的计划，尤其是对于那些喜欢事先规划每一个细节的旅伴来说，这种突如其来的变化可能会造成一定程度的不安和困扰。他们可能会因为缺乏预见性而感到焦虑，担心这种随意的改变会带来不可预知的后果。

尽管如此，活跃型人格的人通常不会让这些担忧影响到他们的冒险精神。他们相信生活就是一场大冒险，而在这场冒险中，最重要的是享受当下，把握每一次机会去探索未知。他们的生活态度鼓励人们勇敢地追求自己的梦想，不受传统观念的束缚，不断地在新的领域里寻找自我和成长。尽管这种方式可能会带来一些不确定性，但对于那些渴望生活充满变化和刺激的人来说，这正是他们所追求的生活方式。

第四节　灵活使用九型人格工具

九型人格理论为我们提供了一个极其宝贵的框架，它极大地帮助我们理解自己和周围人的行为模式。通过对每个类型的特点和倾向进行深入的探讨和了解，我们能够更有效地与不同性格的人相处，从而建立更加和谐、融洽的人际关系。通过深入研究和理解九型人格理论，我们能够揭示出每个人独特的性格特征和行为模式。这一理论将人格分为九种不同的类型，每种类型都有其独特的特点、动机和行为倾向。当我们掌握了这些知识，就能够更加准确地了解自己的内在世界，认识到自己的长处和短板，同时也能够更深入地洞察他人的性格和需求。在人际交往中，这种自我认识和对他人的理解是至关重要的。它使我们能够在与他人互动时，更加有效地沟通和协作。了解九型人格理论，意味着我们可以识别出自己和他人行为背后的动机，从而避免误解和冲突，建立起更和谐的关系。

在具体运用九型人格工具过程中，我们应清楚地意识到每一种人格类型尽管都有其固有的优点，比如某些类型可能在领导力、创造力或团队合作方面表现出色。但是，每种类型也都有其局限性，可能会在某些情境下遇到挑战。关键在于，我们需要学会如何发挥自己的优势，同时对于自己的局限保持自知之明，寻找成长和改进的空间。理解九型人格理论也意味着我们能够更好地尊重和接纳他人的不同。每个人都有其独特的价值和贡献，而当我们能够欣赏和利用彼此的差异时，我们的人际关系就会变得更加丰富和有成效。通过这种深入的自我认知和对他人的理解，我们可以建立更加稳固和谐的人际网络，无论是在职场还是在私人生活中。

每个人都是独一无二的个体，具有独特的个性和特点。虽然九型人格理论为我们提供了一个分类系统，但我们不能简单地将人们归类到某一个固定的类型中。因为每个人的个性都是多维度的，受到多种因素的影响，包括遗传、环境、教育、经历等。因此，我们不能仅仅根据一个人的某些特征就将其归为某一类型，而应该全面地考虑其个性的各个方面。我们应该将九型人格理论作为一个工具，来增进我们对人类复杂性格的理解。通过学习和实践这个理论，我们可以更好地认识自己，了解自己的优点和缺点，以及如何与他人更好地相处。同时，我们也可以更好地理解他人，尊重他们的个性和特点，从而在人际交往中更加有效地沟通和互动。

总之，九型人格理论是一个有益的工具，可以帮助我们更好地理解和处理人际关系。然而，我们也应该意识到，每个人都是独特的，不能简单地将其归类到某一类型中。我们应该使用这个理论来增进我们对人性的理解，而不是将其作为一种限制性的工具。只有这样，我们才能在人际交往中更加有效地沟通和互动，建立更加和谐的人际关系。

第六章

九型人格：教育管理中的有效策略

在前面的章节中,我们已经知道了九型人格理论源于古代中亚地区,历经千年传承与发展,如今已成为一种广泛应用于心理学、商业管理等多个领域的经典理论。它揭示了人类性格的多样性和复杂性,为我们提供了一种深入理解人性的途径。在教育领域,九型人格理论同样具有巨大的应用价值。在教育领域中,九型人格理论以其独特的视角和深入的洞察,为教育工作者提供了一种全新的理解学生、优化教学方法的工具。

第一节 九型人格在教学实践中的策略

教学实践中,九型人格理论可以帮助教师更好地了解学生的个性特点。每个学生都是独一无二的个体,他们在性格、兴趣、学习方式等方面都存在差异。通过运用九型人格理论,教师可以更加精准地把握学生的性格类型,从而针对不同类型的学生制订个性化的教学方案。这不仅可以提高学生的学习兴趣和积极性,还有助于培养学生的自主学习能力和创新精神。

一、个性化教学策略

个性化教学策略是一种注重学生个体差异,以满足每个学生独特学习需求的方法。在这种策略中,教师通过深入了解学生的九型人格类型,可以更有效地设计出符合每个学生特点的教学方案。课堂教学实践过程中，教师常常需要面对性格迥异的各类学生，如何有效地管理课堂秩序、营造积极的学习氛围是一个重要的问题。通过了解不同性格类型学生的行为特点和需求，教师可以更加灵活地调整教学策略，避免"一刀切"的教学方式，使课堂管理更加人性化、科学化。

九型人格理论将人格分为九种基本类型，每种类型都有其独特的特质和倾向。例如，对于那些被归类为领袖型的学生，他们通常具有自信、果断和领导力强的特质。在教学中，教师可以充分利用这些特质，鼓励他们在小组讨论或者项目合作中担任领导角色。这样不仅能够发挥他们的长处，还能促进他们的个人成长和社交技能的发展。对于和平型的学生，他们往往性格温和、善于倾听和理解他人。在小组活动中，他们可能更适合扮演调解者的角色，帮助解决小组成员之间的矛盾和冲突。这样的角色可以让他们在和谐的环境中发挥自己的优势，同时也能提升他们的沟通能力和团队协作能力。而对于完美型的学生，他们注重原则，追求完美，教师可以引导他们参与规则制定和纪律维护，培养他们的责任感和领导力。对于活跃型的学生，他们乐观开朗，富有创意，教师可以为他们提供自由发挥的空间，鼓励他们大胆创新，激发他们的创造潜能。

教师可以根据每个学生的性格特点，设计出更加合适的教学活动和学习任务，从而帮助每个学生在自己的学习道路上取得进步。这种策略不仅有助于提高学生的学习效率，还能增强他们的自我认知，帮助他们在未来的学习和生活中更好地运用自己的优势。

二、学生自我认知策略

学生自我认知策略是一种重要的个人发展工具,它通过向学生介绍九型人格理论,帮助他们更深入地理解自己的个性特点和行为模式。九型人格理论是一种心理学模型,它将人格分为九种基本类型,每种类型都有其独有的特征、动机和行为倾向。

通过学习九型人格理论,学生可以识别出自己的学习风格,这意味着他们能够了解自己在吸收新知识时的优势和偏好。例如,有的学生可能更适合视觉学习,而另一些学生可能更倾向于听觉或动手操作的学习方式。了解自己的学习风格可以帮助学生选择最有效的学习方法,从而提高学习效率。

同时,九型人格理论还能帮助学生认识到自己的沟通方式。每个人都有独特的交流习惯,这些习惯影响着他们与他人的互动。通过了解自己的沟通风格,学生可以更好地与他人合作,无论在学术项目上还是在日常工作中,都能更加顺畅地交流思想。

除了学习风格和沟通方式,九型人格理论还能揭示学生的潜在职业倾向。每种人格类型都与某些职业领域更为契合,了解这一点可以帮助学生在选择专业或职业道路时做出更明智的决策。例如,某些人格类型的人可能更适合创意工作,而另一些类型的人可能更适合逻辑分析或管理职位。

通过学习九型人格理论,学生能够获得深刻的自我认知,这种认知是他们在学习过程中做出合适选择的关键。这不仅有助于他们当前的学业,还为他们未来的职业发展奠定了坚实的基础。通过自我认知,学生能够更好地规划自己的学习路径，选择与自己个性相匹配的沟通方式，以及探索和追求与自己内在倾向相符的职业机会。

三、心理健康教育策略

学校心理健康教育工作者可以利用九型人格理论帮助学生识别和管理情绪，增强自我意识，促进心理健康。在社会的快速发展中，心理健康教育已成为学校教育体系中不可或缺的一部分。为了更好地帮助学生应对学习和生活中的压力，学校心理辅导师可以采用多种策略来促进学生的心理健康发展。而九型人格理论作为一种心理学工具，同样可以被有效地运用于学校心理健康教育之中。

九型人格理论的九种基本类型，每种类型都有其独特的特点、动机、欲望和行为模式。学校心理辅导师可以通过教授这一理论，帮助学生了解和识别自己和他人的人格类型，从而更好地理解自己和他人的行为和反应。通过学习九型人格理论，学生可以更加深入地探索自己的内心世界，识别自己的情绪模式和行为习惯。这种自我认知的提高有助于学生在面对情绪波动时，能够更加冷静和理性地处理自己的情绪，而不是被情绪左右。例如，了解自己容易受到哪些情绪的影响，以及在特定情况下如何更有效地管理这些情绪，对于提高情绪智力和应对压力具有重要意义。九型人格理论还可以帮助学生建立更加积极的自我意识。当学生认识到自己的优势和潜在的成长点时，他们可以更加自信地面对挑战，并积极寻求个人成长和发展的机会。这种自我提升不仅有助于个人的心理健康，也能够促进学生在学校和未来的工作生活中取得更好的成绩。

学校心理辅导师在运用九型人格理论时，可以组织研讨会、工作坊或者小组辅导活动，让学生在实践中学习和应用这一理论。通过互动和讨论，学生可以更好地理解自己和他人，建立更加和谐的人际关系，这对于营造一个支持性和包容性的学校环境至关重要。

九型人格理论为学校心理健康教育提供了一种有效的策略。通过这一理论的学习和应用，学生可以增强自我意识，更好地管理情绪，促进心理健康，为他们的整体发展和未来的成功打下坚实的基础。

第二节　九型人格在师生互动中的策略

值得一提的是，九型人格理论还可以促进师生之间的沟通与理解。在教育过程中，师生之间的沟通与理解是至关重要的。通过运用九型人格理论，教师可以更好地理解学生的内心世界和需求，从而更加耐心地倾听学生的想法和意见，建立起更加和谐、融洽的师生关系。这不仅有助于提高教学效果，还有助于培养学生的情感素质和社会适应能力。

一、人际关系冲突解决策略

在教育环境中，无论是学生之间还是师生之间，冲突都是不可避免的。这些冲突可能缘于个性差异、价值观的不同，或者是对某些问题的理解和处理方式上的分歧。为了有效地解决这些冲突，我们可以借助九型人格理论来深入了解涉及各方面的个性特征，从而找到更为合适的沟通和问题解决方法。

当我们很好地掌握九型人格理论，并了解一个人属于哪种人格类型时，可以帮助我们预测他的行为反应，理解他的需求和恐惧，以及他与他人交流的方式。在解决冲突时，首先需要做的是识别出涉及冲突的每个人的人格类型。这可以通过观察、交流甚至是使用专业的人格测试工具来完成。一旦了解了对方的人格类型，我们就可以根据对方的特点来调整沟通策略。

例如，如果一个学生是助人型人格，他可能会在团队工作中主动承担责任，帮助他人。在与这样的学生沟通时，可以强调团队合作的重要性，鼓励他的领导能力和帮助他人的天性。而如果一个学生是自我型人格，他可能更加注重个人空间和自我表达。应该尊重他的独立性，给予他足够的自由度来表达自己的想法。同样地，教师也可以利用九型人格理论来调整自己的教学和管理策略。例如，面对一个成就型的学生，教师可以通过设定清晰的目标和期望来激励他；而面对一个和平型的学生，教师则需要创造一个和谐的学习环境，减少他的竞争压力。

通过运用九型人格理论，我们可以更好地理解学生和教师的个性差异，从而在冲突中采取更加个性化和有效的沟通和解决问题的方法。这不仅有助于缓解冲突，还能创造更加和谐的学习和工作环境，提高教学质量和学生的学习体验。

二、团队合作与领导力培养策略

在当今的教育环境中，团队合作和领导力的培养被认为是学生个人发展的重要组成部分。为了有效地提升这些技能，教师可以采取一种创新的策略，即利用九型人格理论来指导团队项目的组织和实施。在团队项目中，教师首先可以通过一系列的评估工具或讨论活动来识别学生各自的人格类型。一旦学生的人格类型被确定，教师就可以根据每个人的特点来分配团队角色。

例如，那些具有天生领导特质和强烈决策能力的学生可能被选为团队领导者，而那些注重细节、组织能力强的学生可能负责项目管理和规划。对于那些更倾向于思考和创意的学生，可以鼓励他们在团队中扮演创意发明者的角色。通过这样的角色分配，每个学生都能在团队中找到适合自己的位置，发挥自己的长处，同时也能够学习和练习如何与其他类型的人格有效合作。同时，教师还可以通过一系列的指导和反馈环节，帮助学生发展和提升他们的领导技能。这包括教授学生如何有效地沟通、解决冲突、激励团队成员以及如何做出明智的决策。教师可以根据学生的个性特点，提供个性化的建议和策略，以便学生能够在团队中更好地发挥领导作用。

通过这种基于九型人格理论的团队合作与领导力培养策略，学生不仅能够在团队项目中取得成功，而且还能够学习到如何适应不同的社交环境的能力。这种策略有助于培养学生的自我意识，提高他们的人际交往能力，并最终为他们未来的职业生涯和个人发展打下坚实的基础。

第三节　九型人格在其他教育管理中的策略

一、教师专业成长与发展策略

教师专业发展在教育领域扮演着至关重要的角色。为了不断提升教学水平，教师们需要不断地学习和自我反思。在这一过程中，九型人格理论作为一种深刻而实用的性格分析工具，为教师提供了宝贵的自我提升机会。

通过深入学习九型人格理论，教师可以更加精确地识别和理解自己的内在动机、行为模式以及潜在的局限性。这种自我认知的提升，使得教师能够更好地调整自己的教学风格，使其更加适合学生的学习需求和个性特点。例如，了解自己的人格类型可以帮助教师认识到在课堂上其可能过于严厉或者过于宽容，从而做出相应的调整。同时，九型人格理论也能够帮助教师更深入地洞察学生的个性差异，理解学生行为背后的动机和需求。这种对学生的深刻理解，可以帮助教师设计更为个性化的教学策略，满足不同学生的学习风格和需求，从而提高教学的有效性和学生的学习成效。

教师作为教育工作者，在日复一日的教学活动中，不仅需要掌握扎实的专业知识，还要具备良好的人际交往能力。当他们掌握了九型人格理论这一心理学工具后,他们在与同事和家长进行沟通时,就能够更加得心应手,游刃有余。对于教师而言,学习九型人格理论可以帮助教师识别和理解不同个体的性格特点和行为模式。这意味着教师能够更加精准地把握学生、家长以及同事的行为习惯和沟通方式,从而在交流中更加主动和灵活。通过运用九型人格理论,教师能够更好地理解他人的观点和行为,这不仅是对学生的了解,也包括对家长和同事的深入认识。这种理解有助于教师在沟通时避免误解和冲突,促进学校内外的和谐关系。和谐的关系是构建一个积极教学环境的基石,它能够让每个人都感到被尊重和理解,从而营造出一个充满正能量的学习氛围。

此外,掌握了九型人格理论的教师,在进行班级管理和学生指导时,也能够更加细致和周到。他们能够根据每个学生的不同性格特点,采取更加个性化的教育方法,帮助学生更好地成长和发展。

教师专业发展不仅是关于掌握教学技巧和方法,更是关于个人成长和自我提升的过程。通过学习九型人格理论,教师可以在自我认知和人际理解方面取得显著进步,这将直接转化为教学质量的提升,为教师自身和学生都会带来长远的益处。九型人格理论为教师提供了一个宝贵的工具,使他们在教育和人际交往中更加得心应手,这不仅有助于提升教师的专业素养,也对于创建一个积极的教学环境,促进学校整体氛围的和谐与进步,具有非常重要的意义。

二、促进家校沟通的优化策略

在教育孩子的过程中,家长与学校之间的沟通和合作是至关重要的。为了更好地促进这一过程,家长们可以借助九型人格理论这一工具,深入地了解孩子的性格特点、行为模式以及内在需求。通过这样的了解，家长们能够更加准确地把握孩子的个性和行为动机，从而在与学校的沟通中，可提供更为精准的信息和建议。

例如，当家长了解到孩子的人格类型后，他们可以更好地解释孩子在某些情况下的反应，以及为什么孩子会对某些教学方法或学校活动有特别的偏好。这种理解可以帮助教师调整教学策略，设计更符合孩子个性的教学计划，从而提升学习效果。

同时，家长在掌握了九型人格理论后，也能更有效地与教师进行沟通，共同探讨如何支持孩子的全面发展。家长可以根据孩子的性格特点，提出更加具体的合作建议，比如在家庭作业、课堂参与、社交互动等方面，如何更好地配合学校的教学目标和要求。家长还可以利用九型人格理论，帮助孩子自我认识和发展，引导孩子理解和尊重自己的个性，同时也学会欣赏他人的差异。这种自我认知的提升，不仅有助于孩子的个人成长，也有利于培养孩子的社会交往能力，使他们在学校环境中更加自信和适应。

通过学习和运用九型人格理论，家长可以与学校建立起一种更加深入、有效的沟通和合作关系，共同为孩子的成长和发展创造一个更加有利的环境。这种家校之间的良好互动，将对孩子的学习和个人发展产生积极而长远的影响。

三、职业规划指导策略

在当今竞争激烈的就业市场中，职业规划成为大学生教育阶段不可或缺的一部分。为了更好地帮助大学生找到适合自己的职业道路，可以将九型人格理论融入职业规划课程中。这一策略的核心在于通过深入了解学生的性格特点，为他们提供更为精准的职业指导。通过教授这一理论，教育工作者可以帮助学生识别自己属于哪一种或哪几种人格类型，并理解这些类型对于职业选择的影响。

在课程中，学生可以通过各种活动和评估工具来探索自己的性格特点。这些活动包括自我反思练习、同伴讨论、角色扮演等，旨在帮助学生更深入地了解自己的内在动机和偏好。一旦学生明确了自己的人格类型，他们就可以开始探索与自己性格相匹配的职业领域。

例如，具有领导型人格的学生可能适合从事管理或企业家职业，而具有和平型人格的学生可能会发现自己更适合团队合作的环境，如客户服务或咨询行业。通过这样的自我发现过程，学生能够更加自信地确定自己的职业方向，避免盲目跟风或选择不适合自己的职业。在教育实践中，还可以邀请职业顾问或行业专家来分享他们的经验和见解，为学生提供更多关于不同职业路径的信息。这些讲座和研讨会可以帮助学生了解各个行业的工作内容、所需技能和发展前景，从而做出更加明智的职业选择。

在教学实践中，将九型人格理论融入职业规划课程中，不仅能够帮助学生更好地认识自己，还能够为他们提供定制化的职业发展建议。这种策略有助于学生发掘自己的潜力，找到真正适合自己的职业道路，最终实现个人职业生涯的成功。

第四节　九型人格在教育管理中面临的挑战和限制

　　通过以上内容的介绍，我们看到九型人格理论对教育模式改革的推动作用是十分积极的。九型人格理论的应用推动了教育模式从一元化向多元化的转变。它不仅促进了教师对学生的深入了解，还为学生提供了一个更加包容和适应个性发展的学习环境。这种以学生为中心的教育方法有助于培养学生的自主学习能力，提高他们的创造力和解决问题的能力。

　　此外，我们也要清晰地看到九型人格理论在教育中的运用同样还面临着一些挑战和限制。例如，如何准确判断学生的性格类型、如何避免刻板印象和标签化等问题，这些都需要我们进一步思考和探索。此外，九型人格理论本身也在不断发展和完善中，我们需要保持开放的态度，不断学习和更新相关知识。通过深入了解学生的个性特点、优化课堂管理以及促进师生沟通与理解等方面的实践探索，我们可以为教育事业的发展注入新的活力和动力。同时，我们也需要保持审慎和客观的态度，不断完善和发展九型人格理论在教育领域的应用。可见，九型人格理论在教育领域的应用是一个多方面的创新实践，它不仅能够促进学生的全面发展，还能提升教育工作者的专业素养，为教育实践提供一个全新的视角和方法。

　　总之，在教育实践中，我们通过以上的教学实践，可以感受到九型人格理论对教学活动有着十分重要的现实指导意义。九型人格理论可以帮助我们实现个性化教育，认识到每个学生都是独一无二的，他们的性格、兴趣、潜能都不尽相同。通过运用九型人格理论，教师还可以更准确地把握每个学生的性格类型，进而制订更符合他们个性的教育方案。同样地，九型人格理论有助于我们优化课堂互动，有助于我们建立和谐的师生关系。师生关系是教育过程中的重要环节，它直接影响到学生的学习态度和效果。通过了解学生的性格类型，教师可以更好地理解学生的行为模式和情感需求，从而更加包容和耐心地对待每一个学生。例如，对于助人型的学生，他们善于倾听和关心他人，教师可以利用这一特点，鼓励他们参与课堂讨论，发挥桥梁作用；对于自我型的学生，他们情感丰富且敏感，教师需要给予他们足够的关爱和支持，帮助他们建立积极的自我认同；对于理智型的学生，他们喜欢独立思考，教师需要给予他们足够的思考空间，避免过多地打断和干预；对于领袖型的学生，他们自信且决断，教师需要尊重他们的独立性和自主性，避免过多地干涉和限制。

第七章

九型人格：司法实践的创新探索

第七章 九型人格：司法实践的创新探索

在本章中，我们将深入探讨九型人格理论在司法实践，尤其在侦查阶段中的实际应用。九型人格理论作为一种心理学理论，将人格分为九种基本类型，每种类型都有其独特的特点和行为模式。这种理论在司法实践中的运用，可以帮助我们更好地掌握九型人格类型犯罪者的犯罪动机、犯罪心理的发生机制以及发展变化规律，更好地服务于现实司法实践。

第一节 九型人格类型犯罪者的犯罪动机分析

我们首先讨论如何通过九型人格理论来分析犯罪者的心理动机。每种人格类型都有其特定的需求和恐惧，这些需求和恐惧往往驱使他们做出某些行为。通过理解这些需求和恐惧，我们可以更好地理解犯罪者的动机，从而为法庭提供更多的信息。在现实犯罪案件中，犯罪嫌疑人的性格类型可能影响其犯罪动机、行为方式等。

一、1号完美型

1号完美型犯罪者可能因为对完美的执着而产生强烈的控制欲，从而诱发犯罪行为。他们可能会精心策划犯罪，确保一切按计划进行。完美型人格，也被称为完美主义者，通常以对事物追求无懈可击和尽善尽美而著称。这种性格特征在很多情况下被视为一种优势，因为完美主义者往往能够在工作中展现出极高的标准和对细节的关注。然而，当这种对完美的追求变得过于强烈时，它可能会导致一些不利的后果，尤其是在极端情况下，会引发控制欲望的增强，甚至可能导致犯罪行为的产生。

完美主义者对于控制的需求往往是因为他们想要确保一切都能够按照他们设定的高标准来执行，他们渴望掌控一切，以确保最终的结果能够满足他们对完美的渴望。这种控制欲可能在日常生活中表现为对工作、学习或个人生活的过度干预和管理。然而，当这种控制欲超越了社会规范和个人道德的界限时，它可能会演变成更为严重的行为模式，比如犯罪。

在犯罪行为中，完美主义者可能会表现出高度的计划性和条理性。他们在策划犯罪时，会非常注重细节，力求每一个环节都能够精确无误，以确保整个犯罪过程能够顺利进行，不出现任何偏差。他们可能会花费大量的时间和精力来研究最佳的犯罪手段，选择最合适的时间、地点，甚至可能会精心设计逃脱计划，以确保自己不被发现。

这种对完美的执着和强烈的控制欲，虽然在某些情况下可能帮助他们达到目的，但在大多数情况下，这种行为模式是不健康的，甚至是有害的。它可能会导致其与周围人的关系紧张，引发心理问题，甚至可能触犯法律。因此，对于那些倾向于完美主义的个体来说，学会适度地减少对完美的追求，以及寻求专业帮助来管理自己的控制欲望，是非常重要的。这样不仅能够避免他们走向极端，还能够提高他们的生活质量，减少不必要的压力和冲突。

二、2号助人型

2号助人型犯罪者可能出于同情心或拯救他人的愿望而犯罪。他们可能会为了保护弱者而采取非法手段。助人型个体，他们的行为往往是由内心深处的同情心和对他人的深深关爱所驱动。他们的行为动机，往往并非出于自私或恶意，而是出于一种强烈的愿望，那就是帮助他人，将他人从困境中拯救出来。这种类型的人，可能会在特定的情境下，为了保护那些他们认为无法自我保护的弱者，而选择采取一些违反法律的手段。这些行为可能包括但并不限于为了阻止某人受到伤害而进行的非法干预，或者为了帮助一个处于不利地位的人而采取的不正当手段。助人型个体可能会忽视法律的界限，因为他们坚信，在某些极端情况下，非法行为是为了更大的善，即保护那些无力保护自己的人。

然而，尽管这些行为可能出于善意，但我们必须认识到，它们仍然是违法的，可能会导致严重的后果。助人型个体可能需要寻求其他合法的方式来实现他们的目标，同时确保他们的行为不会对他们自己或他们试图帮助的人造成更多的伤害。在决定采取行动之前，他们应该仔细考虑所有可能的后果，并寻求合法的和道德的解决方案。这是因为，尽管他们的目标是帮助他人，但他们不能违反法律。他们需要认识到，非法的行为可能会带来更大的问题，可能会对他们自己和他们试图帮助的人造成伤害。

助人型个体的行为是出于对他人的关爱和同情，他们的目标是帮助他人，但他们需要认识到，他们的行为必须在法律的框架内进行，他们需要寻找合法和有效的方式来实现他们的目标，而不能忽视法律，任意妄为。

三、3号成就型

"成就型"这个词语，通常用来描述那些具有强烈追求成功、渴望获得社会地位和卓越成就的那类人。他们可能因为追求成功和地位而犯罪，也可能会利用非法手段获取财富和权力。这类人往往具备高度的自我驱动力和目标导向性，他们对于在生活和职业领域取得显著的成就感有着强烈的渴望。然而，当这种对成功的追求变得过于极端，或者为了达到目标而不择手段时，确实存在着因追求成功和地位而走向犯罪的风险。

在追求成功的过程中，一些人可能会因为过于急迫，或者过于关注结果，而采取非法或不道德的手段。他们可能认为，只要能够达到自己的目标，手段并不重要。这种心态可能导致他们利用欺诈、贪污、贿赂或其他非法手段来获取财富和权力。这种行为不仅违反了法律，也违背了社会的道德规范。

而外部的社会环境和文化背景也可能对成就型人格的行为产生影响。在某些社会中，成功和地位往往被视为衡量个人价值的唯一标准。这种观念可能导致一些人为了获得社会认可和尊重，而不惜采取非法手段。这种现象在一定程度上反映了社会价值观的扭曲和道德观的缺失。

需要着重指出的一点是，并非所有成就型人格都会走上犯罪的道路。许多人在追求成功的过程中，能够坚守道德和法律底线，通过合法和正当的方式实现自己的目标。这些人以自己的实际行动，展示了他们的道德品质和社会责任感。

因此，对于成就型人格来说，重要的是要树立正确的价值观和道德观，明确自己的目标和追求，并始终坚守道德和法律底线。同时，社会也应该为每个人提供公平、公正的机会和环境，让每个人都能够通过合法和正当的方式实现自己的梦想和目标。这样，我们才能构建一个公平、公正、和谐的社会，让每个人都有机会实现自己的价值，同时也为社会的发展作出贡献。

四、4号自我型

在九型人格理论中，自我型人格是一种独特的性格类型，其核心特征是强烈的自我表达欲望、对独特性的追求以及对内在感受的深度关注。这类人通常具有高度的敏感性和直觉力，他们的内心世界丰富多彩，充满了无尽的创造力。可能因为追求独特性和自由而犯罪。他们可能会反抗社会规范，以表达个性。

自我型人格的个体，他们的生活中充满了对个性和自由的热爱。他们渴望在这个世界上留下自己独特的印记，追求与众不同的生活方式和思考方式。他们的思维方式往往与众不同，他们的行为方式也往往独具一格。然而，这种对独特性和自由的强烈追求，有时可能会与现行的社会规范产生冲突。他们可能会认为，社会规范限制了他们的个性表达，束缚了他们的自由。在这种情况下，他们可能会选择反抗这些规范，以保护自己的个性和自由。

这种反抗可能会表现为各种形式。有些人可能会通过言语上的挑衅来表达他们的不满，有些人可能会通过行为上的叛逆来展示他们的个性。在某些极端情况下，这种反抗甚至可能会发展成为违法乱纪的行为。然而这并不意味着所有的自我型人格都会走上犯罪的道路。事实上，大多数自我型人格的个体，他们在追求个性和自由的同时，仍然能够遵守社会规范，以合法和正当的方式表达自我。只有在极端的情况下，当个人欲望与社会规范产生严重冲突时，才可能引发犯罪行为。

当然，自我型人格是否走上犯罪道路，还可能受到社会环境、个人经历以及心理状态等多种因素的影响。如果他们在成长过程中得到了足够的关爱和支持，学会了如何处理与社会的关系，那么他们更有可能以积极、健康的方式追求个性和自由。

因此，对于自我型人格来说，重要的是要找到一种平衡。他们需要追求个性和自由，也需要遵守社会规范，以合法和正当的方式表达自己的观点和情感。同时，社会也应该为他们提供更多的理解和支持，帮助他们更好地融入社会，实现自我价值。这样，他们才能在追求个性和自由的同时，也能为社会的和谐稳定作出贡献。

五、5号理智型

我们对于理智型的人格特质进行了深入且细致的分析。这一类型的人确实可能因为过度分析和思考事物，而在脑海中产生一些犯罪的想法。他们可能会制订复杂的计划，以实现自己的目标。然而，这并不意味着他们一定会将这些想法转化为实际的行动。

理智型的人通常具备出色的思维能力和分析能力，这使得他们在面对问题时，能够深入剖析，寻找最佳的解决方案。他们的这种能力，使得他们在许多领域都能够表现出色。然而，当这种分析能力被过度使用时，可能会导致他们对细节的过度关注，甚至可能走向极端，产生一些违法或不道德的想法。值得注意的是，理智型的人的道德观念和价值观在决定是否采取行动时起着至关重要的作用。他们在产生这些想法后，通常会进行内心的辩论，权衡利弊，考虑自己的行为是否符合道德和法律标准。因此，尽管他们可能会产生一些犯罪想法，但并不一定会真正实施。

此外，理智型的人个性特点也使他们更倾向于以理性和逻辑来处理问题，而不是冲动地采取行动。他们更倾向于制订详细的计划和策略，以确保自己的行为能够达到预期的效果。这种倾向性可能在一定程度上减少了他们实际犯罪的可能性。虽然理智型的人可能因过度分析而产生犯罪想法，但由于他们的道德观念、价值观以及个性特点的影响，他们并不一定会将这些想法付诸行动。对于这一人格类型的人来说，重要的是学会如何正确运用自己的分析能力，避免陷入过度思考的陷阱，并保持对道德和法律的尊重。这样，他们才能够更好地发挥自己的优势，同时避免可能的风险。

六、6号疑惑型

在犯罪心理学的研究领域，疑惑型的个体展现出了一种与众不同的行为模式。这种模式通常表现为对周围人和环境的深度怀疑。这种类型的人对他人的信任度极低，往往不会轻易地相信他人。这种深深的不信任感可能源于他们过去的经历，或者是他们内心深处的不安全感。因此，他们可能会因为怀疑和不信任他人而犯罪。他们可能会采取秘密行动，以避免被发现。

由于这种根深蒂固的怀疑和不信任，疑惑型的个体在面临需要采取非法手段解决问题时，可能会选择走上犯罪的道路。他们的犯罪行为往往是经过深思熟虑的，而不是一时冲动的结果。他们会花费大量的时间和精力来策划和组织犯罪活动，确保每一个细节都被考虑到，以避免被破获。

为了避免引起他人的怀疑或被发现，疑惑型的个体可能会采取一系列秘密行动。这包括在犯罪过程中使用匿名或伪造身份，选择在特定的时间和人烟稀少的地点开展行动，以及利用各种隐蔽的手段来掩盖他们的行踪。他们可能会非常小心地避免留下任何可以追踪到自己的线索，比如使用无法追踪的通信工具，或者避免在犯罪现场留下指纹和其他物理证据。

在犯罪后，疑惑型的个体也可能会继续保持高度的警觉，他们会密切关注周围人的动态和警方的调查进展，以便及时调整自己的行动策略。这种谨慎性和预谋性使得他们的犯罪活动更加隐蔽，给执法机构带来了一定的挑战。6号疑惑型的个体在犯罪心理学领域中，表现出了一种独特的行为模式，这种模式可能会给他们带来一些风险，但也可能会使他们在犯罪活动中更加难以被捕捉。

七、7号活跃型

活跃型是一种特殊的人格类型，通常以其对新鲜事物和刺激体验的渴望而著称。这类人往往拥有一种难以抑制的冲动，总是在寻找能够带给他们兴奋和快乐的经历，可能会因为寻求刺激和乐趣而犯罪。他们可能会随意行动，不考虑后果。然而，这种对刺激的追求有时会将他们置于法律的边缘，甚至可能导致他们犯下罪行。

活跃型的人通常不愿意被规则和常规束缚，他们可能会因为追求那种心跳加速的感觉而做出一些鲁莽的决定。他们的行为往往是即兴的，很少会深思熟虑，这可能会导致他们在没有充分评估潜在后果的情况下采取行动。这种缺乏预见性的态度，加上他们对冒险的热爱，可能会使他们在寻求刺激的过程中触犯法律。例如，活跃型的人可能会参与高风险的体育活动，如极限运动或非法赛车，这些活动虽然能给他们带来巨大的快感，但同时也伴随潜在的危险和违法风险。他们可能会在没有考虑任何后果的情况下，就决定参与这些活动，从而置自己于险境。

此外，活跃型的人可能会因为追求新奇和刺激而做出一些不道德的行为，比如赌博或滥用药物。他们可能会因为想要体验那种不被日常规范限制的自由感，而忽略了这些行为可能带来的严重后果。活跃型的人因其对生活的热情和对新鲜体验的追求而显得充满活力，但他们也需要注意控制自己的冲动，避免因追求刺激而走上犯罪的道路。他们需要学会在追求乐趣的同时，也要考虑到自身行为的后果，以及对自己和他人的影响。通过更加审慎地选择行动，活跃型的人可以保持他们的活力和热情，同时避免不必要的法律问题。

八、8 号领袖型

领袖型的个性特征中，存在一种对权力和影响力的强烈渴望。这种渴望有时会推动他们走向极端，甚至不惜触犯法律。在追求权力的过程中，这类人可能会展现出极高的策略性和组织能力，使他们能够有效地指挥和控制他人。

当领袖型的人感到自己的权力或影响力受到威胁时，他们可能会变得更加激进和冒险。他们可能会利用自己的领导才能和组织能力，组建或加入犯罪团伙，通过非法手段来扩大自己的势力和影响力。

在犯罪团伙中，领袖型的犯罪者往往能够迅速崛起并成为核心人物。他们善于指挥和控制他人，能够有效地组织犯罪活动，并从中获取利益。他们可能会利用自己的影响力和资源，策划并实施各种犯罪行为，如走私、贩毒、敲诈勒索等。这种行为可能是出于对自己地位的担忧，或者是为了满足自己的权力欲望。

当然，正如前面强调的一样，领袖型的人由于其强烈的领导欲望和支配欲，可能会在某些情况下选择走上犯罪的道路。然而，这并不是必然的结果。事实上，许多领袖型的人在合法的领域内发挥着他们的领导才能，为社会做出了积极的贡献。关键在于如何引导和教育这些人，使他们能够将自己的才能用于正当的目的。

九、9号和平型

和平型的人通常非常重视和谐与稳定，他们倾向于避免冲突和争执，以维护人际关系的和谐。这种强烈的和平愿望有时可能导致他们在面对冲突或压力时，选择一种过于妥协或回避的方式来应对，甚至可能因此走上犯罪的道路，也就是说，可能会因为避免冲突而犯罪。在特定情境下，和平型的人可能会因为害怕冲突而选择隐瞒事实真相，以维护和谐。他们可能认为，通过保持沉默或掩饰某些事实，可以避免引发争执和冲突，从而维护表面的和谐。然而，这种行为往往可能涉及欺诈、包庇或其他形式的犯罪，从而给自己和他人带来严重的后果。

和平型的人还可能因为过度追求和谐而忽视自己的内心需求。他们可能经常压抑自己的真实想法和感受，以迎合他人的期望和需要。这种长期的心理压抑可能导致他们产生不满和挫败感，进而可能寻求一种不正当的途径来发泄或满足自己的需求，从而走上犯罪道路。

因此，对于和平型的人来说，重要的是要学会在追求和谐的同时，也要关注自己的内心需求和真实感受。当面临冲突或压力时，他们可以尝试采取积极的沟通方式，表达自己的观点和感受，寻求双方共同理解的解决方案。此外，他们也可以寻求专业的心理咨询或辅导，帮助自己更好地处理冲突和压力，避免走上犯罪道路。通过正确的引导和支持，他们完全有可能以积极、健康的方式维护和谐的人际关系，同时保持自我真实和维护尊严。

通过分析犯罪者的人格类型，我们可以更好地理解他们的行为模式，从而为预防犯罪、改造罪犯以及制定更为有效的法律政策提供支持。这种深入的心理分析有助于我们认识到，犯罪行为并非仅仅是个人选择的结果，而是多种复杂心理因素交织的产物。因此，通过九型人格理论来分析犯罪者的心理动机，我们不仅能够获得对个体行为的深刻洞察，还能够在更广泛的社会层面上，促进对犯罪现象的理解和应对。

当我们了解了不同九型人格内在心理需求和基本心理特征之后，就具备了利用九型人格理论来预测犯罪者行为的可能性。正如我们说的九型人格中每种类型都有其独特的行为特征和倾向。通过对这些人格类型的深入了解，我们可以更好地预测犯罪者可能的行为方式。例如，某些人格类型可能更容易表现出冲动和攻击性行为，而其他类型可能更倾向于计划和预谋。通过了解这些行为模式，我们可以更准确地预测犯罪者在特定情境下可能采取的行动。

第二节　九型人格类型犯罪者在犯罪预备阶段的策略分析

在犯罪行为的孕育和萌芽时期，也就是我们所说的犯罪预备阶段，九型人格类型的犯罪者会呈现出各自独有的策略和行为模式。这些不同的行为模式和策略的选择，很大程度上是由个人的性格特点所决定的。性格特点包括了一个人的思维方式、情绪反应、动机和目标等多个方面。例如，一个乐观开朗的人可能会在面对困难时保持积极的态度，而一个谨慎细致的人可能会在决策前进行深入的思考和规划。在犯罪预备阶段，犯罪者可能会开始策划他们的犯罪行为，包括选择目标、制订计划、准备工具等。这些行为都是他们在实施犯罪之前的准备工作，也是他们实施犯罪的关键步骤。在九型人格理论中，每一种人格类型都具有独特的行为模式和应对策略。这些差异体现在他们处理问题和与人交往的方式上。

1号完美型性格的犯罪者往往追求极致的完美和无懈可击的计划。因此，在犯罪预备阶段，这类犯罪者可能会投入大量的时间和精力去仔细规划每一个细节，确保犯罪过程中的每一个步骤都经过精心安排，以减少任何可能的失误或意外。他们会像精密的钟表工匠一样，对每个环节进行反复推敲，力求做到万无一失。

2号助人型性格的犯罪者在犯罪预备阶段可能会表现出强烈的团队

合作精神。这类犯罪者倾向于寻找志同道合的同伙，共同策划和执行犯罪计划。他们认为通过团队的力量可以更好地实现目标，并且在团队中扮演着帮助他人、协调关系的角色。他们可能会在犯罪组织中担任策划者或者联络者，通过建立信任和合作来增强整个团队的凝聚力和执行力。

3号成就型性格的犯罪者往往会利用自己的资源和人脉来实现犯罪目标。这类犯罪者通常具有较强的社会地位和影响力，他们善于运用自己的社会资源，包括财富、人际关系、专业知识等，为自己的犯罪计划铺路。他们可能会通过贿赂、威胁或者其他手段来招募帮手，或者利用自己的职位和权力来为犯罪行为提供便利条件。

4号自我型性格的犯罪者通常表现出强烈的自我中心倾向。在他们的世界观中，自己的位置和需求往往占据了核心地位。这种性格特征在他们策划和实施犯罪行为时表现得尤为明显。在犯罪的预备阶段，他们会更加关注如何保护自己，确保自己的安全不受威胁，同时追求个人的欲望和满足。在选择犯罪方式时，自我型的犯罪者倾向于那些能够迅速带来回报的行动。他们可能会寻找那些可以快速完成，且成功率高的犯罪方法，以便能够在最短的时间内实现个人利益的最大化。同时，他们会尽量避免那些可能导致自身损失或风险较高的犯罪行为，因为在他们看来，保护自身的安全和利益是最为重要的。

5号理智型性格的犯罪者通常表现出极高的自制力和计划性，他们的犯罪行为并非出于一时的冲动或是情绪失控，而是深思熟虑和精心策划后的结果。这类犯罪者在实施犯罪之前，会投入大量的时间和精力进行周密的调查和研究，他们的目标是确保每一次行动都能够达到预期的效果，同时最大限度地减少被捕获的风险。在犯罪的准备阶段，他们会收集大量与目标相关的信息，包括受害者的日常习惯、潜在的安全漏洞，以及可能影响行动成功的各种环境因素。他们可能会利用高科技手段，如网络监控、数据分析等，来获取必要的情报。此外，他们还会考虑到法律和道德的界限，尽可能地规避风险，确保自己的行为不会引起不必要的注意。

6号疑惑型性格的犯罪者在实施犯罪行为之前，往往表现出对周围人极度的怀疑和不信任。在犯罪预备阶段，他们往往会投入大量的时间和精力，去对自己的潜在目标进行深入的监视和调查。

不遗余力地试图收集尽可能多的关于目标的信息。他们这样做的目的是确保自己在实施犯罪过程中不会受到任何形式的欺骗或利用。他们希望通过这种方式掌握足够的信息，以便在犯罪过程中掌控全局，避免出现任何不利于自己的情况。

7号活跃型性格的犯罪者通常表现出一种难以抑制的活力和对冒险的渴望。在犯罪的准备阶段，他们往往不满足于平凡和安逸，而是主动寻找那些能够激发他们肾上腺素的情境和挑战。活跃型的犯罪者可能会表现出冲动和鲁莽的行为特征。他们可能不会花费太多时间去制订详尽的计划，而是更多地依赖直觉和即兴的行动。这种行动模式有时可能会导致他们的行为显得缺乏预见性和周详考虑，从而增加了被捕获的可能性。这类犯罪者热衷于采取一些大胆且充满不确定性的行为，他们不仅不会回避风险，反而会积极地追求那些伴随高风险的犯罪方式。在选择犯罪手段时，他们往往会倾向于那些能够给其带来强烈刺激感和成就感的方式。在这些高风险的犯罪活动中，他们能够体验到一种与众不同的快感，这种快感来自对抗权威、逃避追捕及成功完成犯罪计划所带来的成就感。

8号领袖型性格的犯罪者通常具备一定的领导力和组织能力，这使得他们在犯罪团伙中往往能够占据重要的地位。在犯罪活动的预备阶段，这类人物往往能够迅速崭露头角，成为犯罪团伙的核心人物或关键的组织者。他们不仅能够制订出周密的战略计划，还能够有效地指挥和调动手下的人员，确保每个人都能在自己的岗位上发挥出最大的效能。他们在犯罪团伙中具有很大的影响力，能左右整个犯罪活动的实施。他们的存在，往往使得犯罪活动更加难以防范和打击，对社会秩序和安全构成了严重的威胁。

9号和平型性格的犯罪者，他们的行为背后往往是一种对和谐与平衡的追求。在犯罪的预备阶段，这类犯罪者会尽其所能地避免任何形式的冲突和暴力行为，因为他们认为这些都不是解决问题的最佳途径。在面对潜在的问题时，他们往往会首先考虑通过和平的途径来解决问题，如谈判和妥协。他们认为，通过对话和协商，可以寻找到双方都能接受的解决方案，从而避免不必要的矛盾和冲突。和平型的犯罪者在追求自己的目标时，会尽量选择那些能够维护和平与和谐的方式。他们更倾向于通过非暴力的手段来解决问题，并且在行动过程中，会尽可能地保护自己和他人的利益，避免造成伤害。这种独特的行为模式，使他们在犯罪活动中显得与众不同。

总之，每个人的核心恐惧和欲望也会影响他们的行为模式。九型人格理论认为，每个人都在不同程度上有着自己的恐惧和欲望，这些内在的动力会推动他们采取行动，以保护自己免受伤害或实现内心深处的渴望。在犯罪预备阶段，不同九型人格类型的犯罪者会根据自己的性格特点和优势，采取不同的策略来准备和实施犯罪行为。这些策略的选择和执行，不仅反映了他们的性格特征，也对他们的犯罪成功率和风险大小有着直接的影响。

第三节　九型人格类型犯罪者在不同犯罪实施阶段的心理及行为特征

本节我们讨论一下在实施犯罪阶段，九型人格类型的犯罪者又会呈现哪些不一样的心理和行为特征。

1号完美型性格犯罪者往往会展现出一系列独特的心理特征和行为表现。这些特征和表现通常与他们对犯罪行为的精心策划、对细节的极度关注以及对结果的高标准要求紧密相关。

从心理特征的角度来看，完美型犯罪者往往具有高度的自信，他们相信自己能够通过精心的计划和操作来避免被法律制裁。这种自信可能源自他们对自己能力的高估，或者是对犯罪技巧的过分信赖。此外，这类犯罪者通常具有冷静和理性的思维方式，他们在实施犯罪前会进行详尽的风险评估和后果预测，力求将所有可能出现的问题都考虑在内，并制定相应的应对策略。

从行为表现的角度来看，完美型犯罪者通常会表现出极高的谨慎性和控制欲。在犯罪现场可能会留有一些标志性的记号或者代表某种寓意的特殊符号，以证明案件的连续性。同时，他们会对犯罪的每一个环节进行精细的规划，包括选择作案时间、地点、目标以及逃避追捕的方法等。他们可能会反复演练犯罪过程，确保每个步骤都能精确无误地执行。在实施犯罪时，他们可能会采取各种手段来避免留下任何可能指向他们的证据，比如使用复杂的伪装技巧、清理现场或者利用高科技手段来干扰调查。

此外，完美型犯罪者在行动后也可能会表现出特定的心理和行为特征。例如，他们可能会持续关注新闻报道或警方动态，以评估自己的犯罪是否成功以及是否有被捕获的风险。如果他们认为有被发现的可能，可能会采取措施来进一步掩盖犯罪痕迹，对逃跑计划和路线等做好充分准备。

典型案例：吴某是一个典型的完美主义者，他在学业上取得了极高的成就，他遵守规则、严格自律、懂礼貌、关心他人、体贴父母。然而，他却杀害了自己的母亲。他的作案手法极其缜密，选择了母亲学校放暑假的时间，以便为自己处理尸体和逃跑争取时间。被抓后，吴某在法庭上还表现出极高的思维能力和逻辑清晰度。

这个案例展示了完美主义者的某些特征可能导致的问题。首先，完美主义者往往对自己和他人都有极高的期望，当这些期望无法被满足时，他们可能会感到沮丧、失望和愤怒。其次，完美主义者往往难以容忍不完美的事物，这可能导致他们对自己和他人过于苛刻，甚至产生攻击性行为。最后，完美主义者往往过度关注细节和规则，这可能导致他们忽视更重要的道德和伦理原则。

然而，需要强调的是，完美主义者本身并不等同于犯罪者。完美主义只是一种人格特质，它本身并没有好坏之分。只有当完美主义者在追求完美的过程中忽视了道德和伦理原则，或者无法正确处理自己的情感和冲动时，才可能导致犯罪行为的发生。因此，我们应该避免将完美主义者简单地与犯罪者画等号，而是应该关注如何帮助他们正确地处理自己的情感和冲动，以及如何引导他们关注更重要的道德和伦理原则。

2号助人型性格犯罪者在实施犯罪行为的过程中，会展现出一系列特定的心理特征和行为表现。这些特征和表现通常与他们的心理状态、动机以及与他人的互动方式紧密相关。

从心理特征的角度来看，助人型犯罪者往往具有较强的同情心和责任感。他们可能会认为自己是在帮助他人，或者是为了更大的利益而采取行动。有些犯罪者认为自己是代表"正义之剑"对犯罪客体实施的一种惩罚性的行为。这种心理特征使他们在实施犯罪行为时，可能会感到内心的冲突和挣扎，因为他们的行为与他们的道德观念和价值观存在冲突。

从行为表现的角度来看，助人型犯罪者在实施犯罪行为时，可能会采取一些手段来减轻自己的罪恶感。例如，他们可能会选择在犯罪行为中尽量减少对他人的伤害，或者在犯罪后采取一些补偿措施。例如，为被害人的家属进行物质、经济等方面的某种补偿，以此来缓解自己的内疚感。

助人型犯罪者在实施犯罪行为时，可能会对自己的行为进行合理化。他们可能会找出一些理由，来说服自己和他人，他们的行为是合理的，甚至是必要的。这种合理化的行为表现，既可以帮助他们减轻罪恶感，也可以帮助他们在社会和他人面前维护自己的形象。

典型案例：在以往办理的案件中，我们曾遇到以慈善活动、助老服务、关爱健康等为名，实施诈骗行为的犯罪活动。犯罪者往往以助人型性格作为犯罪的掩护赢得被害人的信任，并利用人们对慈善事业的信任和对健康的关注进行非法活动。

这些案例也提醒我们，即使是那些看似善良、乐于助人的人，也可能在特定情况下走上犯罪道路。因此，我们在日常生活中应该保持警惕，不要轻易相信他人的表面现象。同时，对于那些真正需要帮助的人，我们应该通过正规渠道进行帮助，确保捐款和物资能够真正用于慈善事业。

3号成就型性格犯罪者在犯罪实施阶段往往展现出自我中心、冒险精神、控制欲等心理特征，以及冷静、理智、伪装、欺骗等行为表现。这些特征和表现不仅揭示了他们的内心世界，也为我们理解和预防这类犯罪提供了重要的线索。

从心理特征的角度来看，成就型犯罪者通常具有强烈的自我中心倾向。他们往往过于关注自己的需求和欲望，而忽视了他人的感受和社会的规范。这种自我中心的心理特征，使他们在实施犯罪行为时，往往不会考虑到自己的行为对他人或社会的影响。成就型犯罪者往往具有高度的冒险精神。他们喜欢追求刺激，乐于接受挑战，甚至愿意冒着被法律惩罚的风险去实现自己的目标。这种冒险精神，使他们在实施犯罪行为时，往往表现出极大的决心和毅力。成就型犯罪者通常具有较强的控制欲。他们希望能够掌控一切，包括他们的环境、他们的目标，以及他们的行为。这种控制欲，使他们在实施犯罪行为时，往往会精心策划，力求完美。

从行为表现的角度来看，成就型犯罪者在实施犯罪行为时，往往会表现出高度的冷静和理智。他们能够冷静地分析情况，理智地制订计划，然后冷静地执行计划。这种冷静和理智的行为表现，使他们在实施犯罪行为时，往往能够避免冲动和失误。

此外，成就型犯罪者在实施犯罪行为时，还可能表现出一些特殊的技巧和能力。例如，他们可能擅长伪装和欺骗，能够巧妙地隐藏自己的身份和动机；也可能擅长操纵和影响他人，能够利用他人来实现自己的目标。

典型案例：游族网络投毒案中的许某，曾在国内外多所著名大学学习法律，却因个人恩怨和利益冲突最终导致犯罪。

这样的案例提醒着我们，无论个人在职业上取得多大的成功，都不能忽视道德和法律的底线。同时，对于企业管理层和关键岗位人员，企业应该加强道德和法律教育，建立严格的内部控制机制，以防止类似事件的发生。

4号自我型性格犯罪者在犯罪实施阶段的心理特征和行为表现通常包括自我中心、高度自信、缺乏同情心、冲动行为以及缺乏责任感。这些特征和表现不仅揭示了他们的心理状态，也可能对他们的犯罪行为和后果产生重要影响。

从心理特征的角度来看，自我型犯罪者往往具有强烈的个人主义倾向。他们倾向于将自己置于他人之上，认为自己的需求和欲望高于一切。这种自我中心的态度使得他们往往忽视了他人的存在，只关注自己的需求和欲望，这可能会导致他们在犯罪过程中对他人的权利和感受漠不关心，甚至可能会为了实现自己的目标而不择手段。自我型犯罪者可能会表现出高度的自信和冒险精神。他们的自信和冒险精神可能会使他们相信自己能够成功地规避法律的制裁，因此他们可能会更愿意承担风险去实施犯罪行为。这种过度的自信可能会导致他们在犯罪过程中采取更加大胆和鲁莽的行动。

从行为表现的角度来看，自我型犯罪者可能会展现出缺乏同情心和同理心的特点。他们可能不会考虑自己的行为对受害者的影响，也不会对自己的行为感到内疚或悔恨。这种冷漠的态度可能会导致他们在犯罪过程中表现得冷酷无情。另外，自我型犯罪者可能会表现出冲动和缺乏预谋的行为。他们可能会因为一时的冲动或情绪波动而作出决定，而不是经过深思熟虑的计划。这种行为模式可能会使他们在犯罪过程中更容易犯错，从而增加被抓获的风险。

而在犯罪后，自我型犯罪者可能会表现出缺乏内疚感和悔改的态度。他们可能会试图为自己的行为找借口，或者将责任推给他人，而不是承认错误并寻求改正，这种态度可能会使他们在犯罪后无法真正认识到自己的错误，也无法真正改正自己的行为，犯罪矫治的可能性相对比较低。

典型案例：2010年药某某案件，原本是一起交通事故，但在把个人利益放在第一位的药某某看来，如果把伤者送到医院，那要花掉多少钱？到时候被撞人的家属肯定会到自己家去闹事！想到这一切的药某某，对受害者实施了加害行为，最后逃离了现场。最终酿成了人间悲剧，实在让人痛心不已。

5号理智型性格犯罪者在犯罪实施阶段的心理特征和行为表现是他们精心策划和冷静执行犯罪计划的直接体现。他们的行为模式通常是高度理性和有组织的，这与那些受情绪驱使或冲动行事的犯罪者形成鲜明对比。

从心理特征的角度来看，理智型犯罪者通常具有高度的计算能力和冷静的判断力。他们在决定是否实施犯罪行为时，会进行详尽的成本收益分析，权衡潜在的风险和可能获得的利益。这种分析往往是基于逻辑和事实，而非冲动或情绪驱动。因此，他们的心理特征中包含了一种对后果的深思熟虑，以及对风险的精确评估。

从行为表现的角度来看，理智型犯罪者往往会显得异常冷静和有条理。他们在犯罪过程中，会尽量避免任何可能导致失败或被捕的行为。这意味着他们会仔细规划犯罪的每一个细节，包括选择作案时间、地点以及逃避侦查的策略。他们的行为通常是有预谋的，而非即兴的，这表明他们在行动之前已经进行了充分的准备和计划。因此，理智型犯罪者在实施犯罪时，往往能够控制自己的情绪，不会让恐惧、愤怒或者兴奋等情绪影响他们的判断和行为。他们的目标是尽可能地减少变量，确保犯罪行为能够顺利进行。这种行为表现的背后，是对自我控制能力的强烈自信，以及对环境因素的敏锐洞察。

理智型犯罪者在实施犯罪后，通常会采取措施来掩盖自己的行踪和证据，以减少被抓获的可能性。他们可能会销毁证据、误导调查或者制造不在场证明等。这些行为表明，他们在整个犯罪过程中都能够保持高度的逻辑思维和策略性思考。

典型案例：在一些经济类诈骗犯罪案件中，犯罪者往往会通过建立一个虚假的公司，制造虚假的财务报表和交易记录，吸引投资者投入资金。他们可能会利用虚假的信息和误导性的陈述来诱使投资者相信公司的盈利能力和前景。然后，他们可能会通过虚构的交易、洗钱手法或其他方式将资金转移，最终使投资者损失惨重。

6号疑惑型性格犯罪者在犯罪实施阶段的心理特征和行为表现是多方面的，包括内心的犹豫、过度的谨慎、情绪的波动以及事后的懊悔。这些特点在一定程度上反映了他们对犯罪行为的认知和情感反应，也影响了他们的行为模式和决策过程。了解这些特征有助于执法人员和心理学家更好地理解犯罪心理，从而采取更有效的预防和干预措施。

　　从心理特征的角度来看，疑惑型犯罪者可能会经历强烈的内心冲突和不确定性。他们在决定是否继续实施犯罪行为时，常常会犹豫不决。这种犹豫可能源于对法律后果的恐惧、对道德规范的顾虑，或是对自己能力的怀疑。他们可能会不断地在心里权衡利弊，甚至在某些情况下，会因为内心的挣扎而选择放弃犯罪计划。疑惑型犯罪者在实施犯罪的过程中可能会表现出过度谨慎和小心翼翼的行为。他们可能会反复检查现场，确保没有留下任何可能指向自己的证据。在作案过程中，他们可能会不断观察周围环境，以确保没有目击者或者不引起他人的注意。这种过分的小心可能是由于他们对于被捕的风险有着高度的敏感度和恐惧感。同时，疑惑型犯罪者在实施犯罪时可能会表现出情绪波动。他们可能在行动前后出现焦虑、紧张或者恐慌的情绪。这种情绪的波动有时会影响他们的判断力，导致他们在犯罪过程中出现失误或做出非理性的决策。

　　疑惑型犯罪者在实施犯罪后可能会表现出后悔和自责的情绪。他们可能会对自己的行为感到内疚，担心自己的行为对受害者或社会造成影响。这种后悔的情绪可能会导致他们在未来避免再次犯罪，或者在被捕后表现出积极的悔改态度。

　　典型案例：因怀疑恋人出轨继而产生嫉恨并最终导致犯罪的案例在现实中并不罕见。例如，女子章某因怀疑丈夫胡某出轨持斧杀人；男子张某怀疑妻子莫某出轨下毒杀人。这种情绪化的犯罪往往源于个人对伴侣的极度不信任和占有欲，当怀疑被证实或无法消除时，可能会引发强烈的愤怒和报复心理，最终导致两败俱伤。

7号活跃型性格犯罪者在犯罪心理学研究领域中具有冒险和冲动的心理特质，计划性和预谋性的行为模式，对抗权威和规范的倾向，以及冷酷无情的态度。活跃型犯罪者往往在犯罪活动中扮演主导者和主要角色。这些犯罪者不是被动参与者，而是在整个犯罪过程中表现出高度的积极性和主动性。在犯罪实施阶段，他们的行为和心理特征尤为显著，可以通过一系列特定的表现来加以识别和分析。

从心理特征的角度来看，活跃型犯罪者往往具有较强的冒险精神和冲动性。他们可能对风险的评估不足，容易受到即时满足感的驱使，从而在没有深思熟虑的情况下采取行动。这种心理特征使得他们在犯罪过程中更加大胆，有时甚至会采取极端或危险的手段来实现目标。

活跃型犯罪者在行为表现上通常具有一定的计划性和预谋性。尽管他们可能在决策上显得冲动，但在实施犯罪时，他们往往会有一定程度的准备和计划。这可能包括对犯罪目标的选择、犯罪工具的准备，以及犯罪后逃避追捕的策略等。这种行为表现说明，尽管他们可能在心理上表现出冲动，但在行动上仍然具有一定的理性和计算能力。活跃型犯罪者在犯罪实施阶段还可能表现出对抗权威和社会规范的倾向。他们可能会对社会规则持有挑战性的态度，不尊重法律和道德约束，甚至可能故意违反这些规范以显示自己的力量和独立性。这种特征有时会在他们的行为中体现出一种对抗性的挑衅，或者在犯罪现场留下具有挑衅性质的标记和信息，往往具有比较明显的反社会人格。

此外，活跃型犯罪者在犯罪过程中可能还会展现出一定的冷酷无情。他们可能对受害者的感受和权利缺乏同情和理解，甚至在犯罪行为中表现出残忍和漠视生命的态度。这种心理特征有时会在他们的犯罪手法和对受害者的处理方式上得到体现。

典型案例：李某是一名性格开朗爱好广泛的公司员工，从小喜欢追求刺激和冒险。在学生时期也经常有一些越轨行为。工作后，社交能力强，受到同事的喜欢。一日，李某和几个朋友在一家酒吧聚会，由于酒精的作用，他的活跃型性格被进一步放大，开始骚扰陌生女子。女子拒绝后，李某感到十分尴尬和愤怒，继而对该女子实施侵害，最终被警方抓获。

8号领袖型性格犯罪者在犯罪实施阶段，通过其特定的心理特征和行为表现，展现出对犯罪活动的控制和领导能力。这些特征和表现不仅使他们在犯罪团队中占据了核心位置，也使得他们成为执法机构打击犯罪活动时的重点关注对象。

从心理特征的角度来看，领袖型犯罪者往往具有强烈的自信心和支配欲。他们通常对自己的能力和判断有着极高的自信，认为自己能够控制整个犯罪过程，并能够有效地指挥其他参与者。这种自信往往伴随对权力的追求和对控制的渴望，使得他们在犯罪团队中自然而然地占据领导地位。同时，领袖型犯罪者还可能表现出较高的冷静和理性。在犯罪实施的过程中，他们能够保持冷静，作出理性的决策，并且能够有效地处理突发情况，在犯罪团伙中具有较强的主导地位。这种心理特质使得他们在犯罪活动中能够更好地控制局面，从而增强了他们的领导地位。

从行为表现的角度来看，领袖型犯罪者通常会通过一系列的行动来巩固其领导地位。例如，他们可能会制订详细的犯罪计划，并分配任务给其他参与者。他们还可能通过激励或威胁的手段来确保团队成员的忠诚和服从。此外，领袖型犯罪者还可能展现出较强的应变能力，能够在面对不确定因素时迅速调整策略，以确保犯罪活动的成功。领袖型犯罪者在实施犯罪过程中，往往还会展现出对社会规则和道德准则的蔑视和一定的挑衅性。他们可能会利用自己的社会地位和影响力来为自己的犯罪行为辩护。

领袖型犯罪者在犯罪行为实施之后，会更加关注案件的进展情况，对案件的影响力及警方的行动部署情况等做持续性关注，同时，会更注重对团伙内部的控制以确保组织的稳定，加强内部的纪律措施，以防止成员背叛或泄露信息等。

典型案例：中国第一刑事案件中的张某曾单独或组织、指挥他人，在重庆、湖南、湖北等地持枪持械抢劫、故意杀人、抢劫枪支弹药多次，导致多人死亡、重伤、轻伤等，抢劫财物价值人民币536.9万元，抢劫出租车5辆，抢劫执行任务的经济警察的微型冲锋枪2支及子弹20发，有组织、有计划地制造了一系列骇人听闻的重大、特大刑事案件。该组织成员实施了多起违法犯罪活动，严重危害了当地的社会、经济秩序和人民群众的生命财产安全。

9号和平型性格犯罪者在犯罪实施阶段所展现出的心理特征和行为表现，是他们为了避免直接冲突和对抗，同时有效逃避法律制裁而采取的策略。这些特征和表现有助于他们避免直接的冲突和对抗，从而使他们的犯罪行为更加难以被察觉和防范。

从心理特征的角度来看，和平型犯罪者通常具有较高的智力水平，他们在策划犯罪行为时会进行深思熟虑，制订出周密的计划。他们往往能够冷静地分析各种情况，预测可能出现的风险，并设法规避这些风险。

此外，这类犯罪者通常具有较强的自我控制能力，能够在面对压力或挑战时保持镇定，不易受到情绪的影响，这使得他们在实施犯罪时能够更加从容不迫。

从行为表现的角度来看，和平型犯罪者倾向于采取非暴力的手段来达成他们的犯罪目的。例如，他们可能会利用社交工程学的技巧来操纵他人，或者通过网络入侵等技术手段来实施盗窃或其他形式的犯罪。他们在行动时，通常会选择在没有目击者的情况下进行，或者通过伪装和欺骗来掩盖自己的身份和行踪。和平型犯罪者在实施犯罪时，往往不会留下明显的证据，这使得他们的犯罪行为难以被侦破。他们可能会使用加密通信、匿名网络服务等手段来避免留下可追踪的数字足迹。在实际行动中，他们也会尽量避免留下物理证据，如指纹、DNA等，从而减少被警方捕捉的可能性。

和平型犯罪者在犯罪后往往会表现出一定程度的悔意和自责。他们可能会对自己的行为产生怀疑，甚至在某种程度上感到内疚。这种心理状态可能会促使他们在未来更加谨慎地选择犯罪目标和方式，以避免再次陷入道德困境。这些特质也为成功实施犯罪矫治提供了有利条件。

总的来说，如果我们能够理解这些九型人格中不同类型犯罪者的策略和行为模式，就可以更好地预防和应对犯罪行为。同时，九型人格理论也为我们提供了一个犯罪矫治策略框架，通过它我们可以识别出不同人格类型的核心特征和需求。理解每一型人格的特点、优势、劣势以及他们在面对压力和挑战时可能出现的反应模式。这样，我们就能够根据每个人的独特人格特征，制订个性化的犯罪矫治计划。这些计划不仅能够满足他们的特定需求，还能够激发他们的内在动力，促进他们的个人成长和社会适应能力。例如，对于那些具有强烈社区归属感需求的人格类型，我们可以设计一些社区服务项目，让他们在帮助他人的同时，也能感受到自己是社会的一部分，从而增强他们的社会责任感和自我价值感。这种以人为本的矫正措施，不仅能够提高矫治的效果，还能够帮助犯罪者在被释放后更好地重新融入社会，减少再犯的可能性，最终实现社会的和谐与安全。

第八章
当九型人格遇上《红楼梦》

作为中国古典文学的巅峰之作，《红楼梦》以其丰富的人物群像和深刻的心理描写著称，为九型人格理论提供了一个绝佳的应用场景。当九型人格理论与《红楼梦》相遇，便激发出了一种独特的分析视角。利用九型人格理论来分析这部作品中的人物，可以帮助我们更深入地理解每个角色的性格特点、行为动机以及他们之间的相互关系。

通过将九型人格理论应用于《红楼梦》中的角色分析，我们能够更深入地理解每个角色的内在驱动力和行为逻辑。例如，贾宝玉这位主人公，他复杂多变的性格特征，可以被解读为某种特定性格类型的代表。他的多情、敏感、对传统礼教的反感，以及对于理想与现实冲突的痛苦挣扎，都可以在九型人格理论中找到相应的解释。

同样，其他角色如林黛玉的才情与脆弱、薛宝钗的稳重与内敛、王熙凤的机智与野心，都可以透过九型人格的镜头，得以更为精准地刻画和理解。每个人物的行为和选择，不再是简单的情节推进，而是性格逻辑的自然展现。

此外，九型人格理论还能帮助我们解析人物之间的关系动态。在《红楼梦》中，错综复杂的人际关系是构成故事张力的重要因素。通过分析不同性格类型的人物如何相互作用，我们可以更深刻地理解他们之间的冲突、合作、爱恨情仇。

当九型人格遇上《红楼梦》，不仅为我们提供了一种新的角度来欣赏这部文学经典，也让我们有机会通过文学作品，进一步探索和认识人类性格的多样性和复杂性。这种跨界的分析方法，不仅丰富了文学批评的维度，也为心理学研究提供了生动的案例，使得两者相得益彰。

第一节 《红楼梦》"腹"中心代表人物

一、8号领袖型代表人物——贾母

在九型人格理论中，领袖型个性是一种颇具影响力和权威性的性格类型。这一类型的人通常具有很强的领导能力和对周围人的激励能力。他们自信、果断，并且能够迅速采取行动来解决问题。在中国古代文学作品《红楼梦》中，贾母这一角色可以被视为领袖型性格的代表。

作为贾家的家族长辈，贾母以其坚定的权威和智慧，管理着庞大的贾府。她不仅在家庭内部拥有绝对的话语权，而且在处理家族内外的事务时，总是能够作出明智的决策。贾母的性格中蕴含着一种天生的领导气质，她的言行举止无不显示出她的领导力和影响力。在小说中，贾母的形象是复杂而立体的。她既有严厉和权威的一面，也有慈祥和关爱家人的一面。她在家族中的地位无人能及，她的话语往往就是家族成员行动的指南。尽管她有时可能会显得专制，但她的决策通常都是为了家族的整体利益和长远发展。

贾母的领袖型性格还体现在她对待家族成员的方式上。她既能够给予他们足够的自由和空间，也能够在必要时给予严格的指导和纠正。她的这种平衡的管理方式，使得贾府在她的带领下，即便在风雨飘摇的时刻，也能保持一定的稳定和秩序。贾母见多识广，很有修养。她是荣国府的权威，是权力的象征，直到年纪大了，才渐渐不管事了，交给了王夫人和王熙凤。她洞明世事，更具权威，虽不管事，但整个荣国府的运行还在她的掌控之下。贾母的领导能力在她管理贾府的日常事务中表现得淋漓尽致。她不仅能够妥善处理家庭内部的纷争，还能够在家族面临重大决策时提供明智的指导。在小说中，无论是对家庭成员的管教，还是对仆从的管理，贾母都展现出了坚定而有力的领导风范。她的权威不仅来源于她的地位，更来自她的个人魅力和智慧。贾母的管理理念相当先进，知人善任，抓大放小，适时退居二线，在一切场合力挺主事新人凤姐，既能放权享受，又能统领全局。

贾母这一角色在《红楼梦》中，充分展现了九型人格中领袖型性格的特点。她的权威、智慧和对家族的深爱，使她成了一个令人尊敬和敬仰的家族领袖。通过她的形象，我们可以看出领袖型性格在古代社会中的重要性，以及这种性格对于维护家族和谐与繁荣所起到的关键作用。

二、9号和平型代表人物——李纨

在九型人格理论的众多类型中，和平型以避免冲突为特点，被视为和谐与平静的象征。他们倾向于寻求和解，努力确保周围的人感到舒适和安心。这种类型的人往往非常注重人际关系的和谐，他们会尽力避免任何可能导致紧张或不和的情况。他们通常具有和蔼可亲、善解人意的性格特点，擅长化解纷争，寻求共识，以期避免不必要的冲突。在《红楼梦》中，李纨就是一位典型的和平型人物。李纨是贾府中一个低调而睿智的女性角色，在家族中扮演着和平缔造者的角色，她的性格特点是温和、善解人意、善于调解冲突，并且在人际交往中追求和谐与平衡。她经常在家庭成员之间的争执中充当调解者，努力维护家庭和谐。她的言行举止总是体现出对和谐的追求，即使在面对家庭内外的压力和冲突时，她也尽量保持冷静，寻求平衡和谐的解决方式。她以平和的态度和圆融的处事方式在复杂的家族关系中保持着一种微妙的平衡。

和平型人格类型的李纨不喜欢激烈的冲突，也不会强迫别人接受自己的观点。在与他人交往时，她总是尽量保持礼貌和友好，即使在面对不公正的待遇时，她也能够保持克制，不轻易发怒。和平型人格在处理人际关系时，能够以和谐为原则，尽量避免冲突，使得团队和家庭氛围更加融洽。同时，他们的善解人意和调解能力也使得他们在工作和生活中更容易获得他人的信任和支持。因此，了解和平型人格的内涵和特点，对于我们在现实生活中更好地处理人际关系，提升自己的人际交往能力具有重要的指导意义。

三、1号完美型代表人物——贾探春

在《红楼梦》众多人物中，贾探春以其完美型人格特质，成为一位备受读者喜爱的角色。她是贾府中的杰出女性，对自己的要求极为严格，无论是在学业、家务还是人际交往上，都力求达到最高标准，展现出一种尽善尽美的追求。

在小说的第五十五回中，王熙凤因病无法管理家务，王夫人便将家中事务交给了探春、李纨和宝钗三人共同打理。探春在这一过程中展现出了她的管理才能。她不仅仔细审查了大观园的各项开支，削减了不必要的花费，还积极寻找新的财源，使得贾府的经济状况得到了显著改善。

这一改革举措，不仅体现了探春对家族利益的深切关心，更彰显了她对于管理的完美追求。

在第六十二回中，宝玉生日庆祝的场景中，探春的表现同样令人印象深刻。她不仅积极参与庆祝活动，还细心观察每个人的情绪变化，努力营造一个和谐愉快的氛围。她的这种体贴和关心，使她在贾府中赢得了众人的尊敬和喜爱。

然而，完美型人格也有其"双刃剑"的一面。探春在追求完美的过程中，有时会过于苛求自己和他人，这种高标准的压力可能导致身心疲惫。在原著中，我们可以感受到她对家族中的种种不完美之处感到焦虑和沮丧，对于家族衰落的命运感到无力回天。这种追求完美却难以实现的心态，给她带来了巨大的压力。在抄检大观园的事件中，探春毅然站出来维护家族的尊严和利益，对王熙凤等人的行为表示了强烈的不满和反对。这一举动虽然展现了她的勇敢和坚定，但也暴露了她过于追求完美、不容忍瑕疵的性格特点。

总的来说，贾探春作为完美型人格的代表人物，在《红楼梦》中展现出了其独特的魅力和价值。她以极高的标准要求自己，力求在各个方面都做到尽善尽美。然而，她的完美主义倾向也给她带来了不小的压力和困扰，这提醒我们在追求完美的过程中要注意平衡和适度。同时，我们也应该学会欣赏和接纳不完美，因为正是这些不完美才构成了我们丰富多彩的人生。通过探春这一角色，我们可以看到作者对于人性的深刻洞察，以及对于完美与不完美之间微妙平衡的艺术描绘。

第二节 《红楼梦》"心"中心代表人物

一、2号助人型代表人物——贾宝玉

贾宝玉在《红楼梦》中以其体贴多情、温柔善良的形象深入人心。他的言行举止中流露出对他人的深切关心，而在关键时刻更是展现出无私的付出和牺牲精神，充分体现了助人型人格的特点。贾宝玉的体贴多情在书中的多个经典桥段中都有所体现。例如，在黛玉葬花时，他默默陪伴在旁，用深情的目光注视着黛玉，用温柔的话语安慰她的悲伤。他不仅能理解黛玉内心的痛苦，更能用自己的方式去缓解她的悲伤，这种体贴入微的关怀让人感受到他内心的善良和温柔。同时，在与宝钗、湘云等众女子的交往中，他也总是能够细心体察她们的情感变化，给予她们及时的支持和关爱。

此外，贾宝玉的温柔善良也体现在他对贾府众丫鬟的态度上。他从不以主人的身份自居，而是与她们平等相待，关心她们的生活和感受。当丫鬟们遇到困难时，他总是第一个伸出援手，尽自己所能去帮助她们。这种无私的付出和牺牲精神，让人感受到他内心深处的善良和爱心。

然而，助人型人格的贾宝玉也有其性格方面的局限性。他有时过于关注他人的需求，以至于忽略了自己的感受和需求。这种过度付出的状

态让他时常感到疲惫和无奈。尤其是在与黛玉等人的情感纠葛中，他更是为了成全他人而牺牲了自己的幸福。例如，当黛玉因情感受挫而痛苦不堪时，贾宝玉选择默默承受自己的痛苦，用自己的温暖去抚慰黛玉的心灵，这种牺牲虽然让人敬佩，但也反映出他在处理个人情感上的无奈和无力。

总的来说，贾宝玉作为助人型人格的代表人物，在《红楼梦》中展现出了其独特的魅力和价值。他的体贴多情、温柔善良让人深感温暖，但同时也要注意在助人的过程中保持自我，避免过度牺牲自己的利益。这也提醒我们，在关心他人的同时，也要学会关爱自己，保持内心的平衡与和谐。通过深入分析贾宝玉这一角色，我们可以更好地理解助人型人格的特点和价值，从而更好地将其应用于现实生活中的人际交往和关系处理。

二、3号成就型代表人物——王熙凤

成就型人格，通常是指那些具有强烈成就感、追求成功和卓越的个体。在《红楼梦》中，王熙凤便是这一类型人格的代表人物。她以其独特的个性、聪明才智和手腕，成了贾府中不可或缺的管理者和决策者。

王熙凤，人称"凤姐"，是贾府的管家，以机智、果断和能干著称。她的性格复杂多面，既有着传统女性的柔弱和依赖，又展现出了非凡的独立和坚强。在贾府这个大家庭中，王熙凤扮演着极其重要的角色，她不仅管理着家中的日常事务，还经常处理一些棘手的问题，显示出她的能力和魄力。这也是成就型人格的主要特质。此外，王熙凤的特点在于她对成功的渴望和对权力的追求。她精明强干，善于运用自己的智慧和手段来达到目的。在贾府中,她的地位并非来自出身或血缘,而是凭借自己的努力和才能赢得的。她对待工作认真负责,对待家庭事务有条不紊,对待人际关系则机智圆滑,能够巧妙地处理各种复杂的关系等,都符合成就型人格类型的行事风格。

然而,王熙凤的成就型人格也并非没有缺点。她的强势和控制欲有时会让人感到压抑,她的高傲和自信有时也会演变成自负和专横。在《红楼梦》的故事发展中,王熙凤的这些性格特点既帮助她在贾府中站稳了脚跟,也为她日后的悲剧埋下了伏笔。

通过对王熙凤这一人物的分析,我们不仅能够更深入地理解《红楼梦》这部文学作品,也能够对人性的多样性有更加丰富的认识。王熙凤的心理特征和行为表现为我们提供了一个观察和理解成就型人格的窗口,让我们得以窥见这种人格类型在古代社会中的运作和影响。她的角色深刻地体现了成就型人格的特质,为我们对人性的理解提供了宝贵的参考。

三、4号自我型代表人物——林黛玉

在九型人格理论中,自我型人格被认为是一种追求独特性、强调个人独立性和自我认同的性格类型。这种性格类型的人通常具有强烈的自我意识,他们倾向于按照自己的价值观生活,而不是遵循社会的规范。在中国古典文学名著《红楼梦》中,林黛玉便是这种性格的典型代表。

林黛玉是《红楼梦》中的主要人物之一,她的性格复杂,情绪体验极为深刻,充满了自我型的特质。独立自主是林黛玉性格中最显著的特点。她不仅在思想上追求自由,而且在行为上也不愿意受到束缚。在小说中,我们可以看到林黛玉多次表现出对传统礼教的不满和反抗,她不愿意像其他女性那样顺从和依附于男性，而是坚持自己的个性和独立思考。同时，林黛玉的自我意识也非常强烈。她在情感上极为敏感，对自己的感受有着深刻的认识。这种敏感性使得她对于人际关系中的情感交流异常重视，但同时也让她容易受伤。在小说中，林黛玉与其他人物的互动常常充满了情感的纠葛，她的喜怒哀乐都与她的内心世界紧密相连。在她与贾宝玉的交往中，林黛玉经常表现出一种既渴望深厚感情又害怕受伤害的矛盾心理。她的矜持和傲气，以及对于宝玉情感的试探和不信任，都是她自我保护机制的体现。同时，她对于宝玉的深情也是真挚而深沉的，这种情感的真挚与复杂性，正是自我型性格中对于个人情感真实性的追求。

此外，林黛玉的自我型性格还体现在她的艺术天赋上。她才华横溢，尤其在诗词创作方面有着非凡的才能。在《红楼梦》中，林黛玉创作的诗词不仅展现了她的文学才华，更是她内心情感的抒发和自我表达的方式。通过艺术创作，林黛玉进一步强化了她的个人特色和独立精神。

第三节 《红楼梦》"脑"中心代表人物

一、5号理智型代表人物——妙玉

在九型人格理论中，理智型这一人格类型犹如一朵独特的花，其代表人物妙玉，她的存在充分体现了理智型人格的丰富内涵和独特魅力。

妙玉，这位独立自主的女性，她的性格特点和行为举止都如同一面镜子，清晰地反映出理智型人格的鲜明特质。

妙玉是一个极具敏锐洞察力和深邃思考力的人物。她的这种特质，使她在日常生活中总能洞察周围人的喜好和需求，从而在恰当的时机给予恰当的关照和帮助。妙玉深知贾母的地位崇高更是权力的象征，在《红楼梦》第四十一回中，妙玉给贾母斟茶的桥段中，原文描述为："贾母道：'我不吃六安茶。'妙玉笑说：'知道。这是老君眉。'"虽然妙玉不经常与贾母有频繁接触，却能在极少的互动中洞察到贾母对茶的特别喜好。从这段也能看到贾母对茶的品质有着极高的要求，每一片茶叶，每一杯水，都必须是精选上等，只有这样，才能入她的法眼。当贾母询问泡茶用的是什么水时，妙玉笑着回答说是旧年蠲的雨水，这种水被古人誉为"无根之水"，是招待贵客备受推崇的好水。可见，妙玉这般洞察和用心实属难得。

此外，妙玉具有极为强烈的独立精神，对自己的生活也有着坚定的信仰。身为佛门净地的出尘女子，她的心灵如同她所居住的庵堂一般，远离尘嚣，洁净而不可侵犯。在她眼中，世间的一切纷扰似乎都与她无关。对于宝玉的那份情感也是以一副超然的姿态示人。在宝玉的生辰之际，她以"槛外人"自居，写下生日贺卡作为生日礼物，寄托着她对宝玉的深情厚谊。她的这份理智、内敛、含蓄真挚的心意，虽然不会像其他人那样张扬，但其中的深意，只有她自己和宝玉能够心领神会。

二、6号疑惑型代表人物——薛宝钗

在九型人格理论的众多分类中，疑惑型的人通常具有深思熟虑、谨慎小心的特点。在《红楼梦》中，薛宝钗就是疑惑型的代表性人物。薛宝钗是一个非常细致周全的人。无论是在家庭、社交还是其他任何场合，她的言行举止都充满了谨慎和小心。这种性格特点使她在生活中表现出极高的警觉性，总是对周围的人和事保持警惕。这种警觉性并不是出于恐惧或不信任，而是因为她对事物的敏锐洞察力和对细节的严谨把握。她的智慧和机智使她能够迅速理解和应对各种情况，而她的务实态度则使她始终坚守自己的原则和规则。

作为古代传统思想的维护者，薛宝钗的行为总是严格遵守社会习俗的规范，她的这种行为不仅体现在自己的生活中，也体现在她对他人的要求上。她的稳重和守规使她始终保持着在众多女子中最稳重端庄的人物形象，她的警觉和谨慎则使她在面对困难和挑战时，能够始终保持冷静和理智。

疑惑型人格的典型特点是做事小心谨慎，不喜欢被人注意，安于现状，不喜转换新环境，他们相信权威，喜欢跟随权威的引导行事。薛宝钗就属于这样一种典型的疑惑型人格。她在处理人际关系时，总是尽可能地避免冲突和争执，她更愿意通过和平的方式解决问题。她的这种行为方式使她在生活中得到了广泛的认可和尊重，她的稳重和谨慎也使她成为他人信赖的对象。然而，她的这种行为方式也使她在面对新的环境和挑战时，显得过于保守和谨慎。但这也正是她的魅力所在。

三、7号活跃型代表人物——史湘云

在九型人格理论中，活跃型是一种充满好奇心、追求新鲜刺激和自由的性格类型。这一类型的人通常被认为是充满活力、乐观开朗的探险

者，他们热爱生活中的各种可能性，并渴望探索未知的世界。在《红楼梦》中，史湘云便是这样一个典型的活泼型人物。她心直口快，开朗豪爽，爱淘气，甚至敢于喝醉酒后在园子里芍药丛中的大青石上睡大觉；身着男装，大说大笑，不拘小节、诗思敏锐、才情超逸。她是一个富有浪漫色彩、令人喜爱、富有"真、善、美"的豪放女性。

活跃型人格的人乐观、追求新鲜感，他们想要过上愉快的生活，追求创新、自娱娱人，渴望使人间的不美好化为乌有。他们热衷于追求潮流，不断尝试新事物，以满足内心的好奇心。这种性格类型的人在生活中充满活力，总是带给周围的人欢乐与阳光。史湘云是贾宝玉的表妹，她以其率真、活泼、不拘小节的性格而讨很多读者喜欢。她的行为常常不受传统礼教的束缚，展现出一种对生活的热爱和对自由的向往。在书中，有许多桥段都生动地展现了史湘云的这些性格特点。例如，《红楼梦》第四十九回，史湘云在芦雪庵大嚼烤鹿肉，一面吃，一面说："我吃这个方爱吃酒，吃了酒才有诗。""……'是真名士自风流'，……我们这会子腥膻大吃大嚼，回来却是锦心绣口。"她的这种随性而又率真的行为，充分体现了活跃型人格对新鲜事物的追求和对生活乐趣的保持。再如，史湘云在对待感情的态度上也显示出了她独特的个性。她对待爱情自由而真挚，不计较世俗的眼光和物质的得失。她与贾宝玉之间的感情纯真而直接，没有太多的矫情和做作，这种坦率的情感表达也是活跃型人格的一个显著特征。

通过九型人格理论视角全新解读《红楼梦》重要人物，我们不仅更深入地理解了小说中人物的性格特征，也对自我和他人有了更为深刻的认识。这种跨学科的结合，不仅丰富了我们对经典文学作品的解读，也为我们的人际交往和个人成长提供了宝贵的洞见。当我们合上《红楼梦》

的最后一页，九型人格理论的镜头帮助我们看到了一个更加立体、多彩的人性世界。它提醒我们，每个人都是独一无二的个体，拥有着自己的故事和梦想。在这个纷繁复杂的世界中，理解和接纳不同的性格类型，不仅能帮助我们更好地与他人相处，也能引领我们走向更加和谐、充实的生活。

世界上最美的相遇，不是和别人的遇见，而是邂逅更好的自己！